任性出版

爸媽不用忍的正向教養

改掉頂嘴、動作慢、依賴、行為退化、缺乏成就動機……的免爆氣親子對話範本

臨床心理師媽媽、米露谷心理治療所所長
衛福部《正向教養手冊》合著作者

駱郁芬——著

何謂正向教養？

美國風行四十年的主流教養法，由美國教育學博士簡・尼爾森（Jane Nelsen）根據心理學大師阿爾弗雷德・阿德勒（Alfred Adler）的教育思想所創始。

基本核心概念

- 尊重彼此，非以大人為重。
- 同理、理解孩子的感受和想法，並給予方法。
- 以溫和而堅定的正向教養，取代過往打罵和溺愛的教育。
- 不是溺愛或忍耐，須適時運用「設限」、「要求」。
- 態度開放、保持彈性。
- 視錯誤為改變成長的契機。

正向教養的目標

正向教養

協助父母了解孩子

設立教養長期目標

協助家長了解自己

培養孩子能力

目錄

第二章　不爆氣的親子對話練習　71

推薦序一

正向教養起步走，簡單做到對孩子好好說

美國正向教養協會國際顧問和認證導師／姚以婷

「你火氣別這麼大，孩子還小，跟孩子好好說嘛！」許多時候我們看到其他父母或是自己的伴侶在責罵孩子，都會這麼勸告對方。只是說易行難，輪到我們自己的時候，在那個當下就是覺得罪不可赦，不多罵幾句好像對不起自己照顧孩子的職責。「都說過幾百次了，還是不聽，是不是氣人！」好好說，孩子不聽；用力罵，孩子也不聽，親子衝突經常搞得孩子氣餒、家長灰心。

我在生育後完成了諮商心理碩士學位，仍然帶著新手媽媽的身分以及滿腹育兒疑惑，在二〇一一年親自赴美參加正向教養（Positive Discipline）講師訓練。這才驚覺到，不是我的情況特殊，套句美國知名心理學家約翰．布羅德斯．華生（John B. Watson）的話：「作為家長和教師是天底下最困難的工作了。」**原來不是孩子難教，是成人懂不懂得如何教的問題。**

在如獲至寶的震撼培訓後，回到臺灣開始研究並發現，教育部在二〇〇七年開始推行《正向管教工作計畫》，即參考取材自簡・尼爾森（Jane Nelson）博士提出超過三十年歷史、打磨出數百種教養方法之「Positive Discipline」相關書籍。經我修訂命名「正向教養」後，二〇一二年開始於兩岸三地華人社群推廣至今，正向教養一詞獲得各界認可採納，逐漸取代原本稍感嚴厲的正向管教。

本書作者駱郁芬從臺灣第三期正向教養家長（Teaching Parenting）講師班，和第一期早教（Early Education）講師班認證結業。她在培訓前便已傾心正向教養相關知識，是衛福部公益手冊的合著作者，參與講師培訓後更受鼓舞，一鼓作氣完成本書。書中提供三十三個會引起家長共鳴的日常生活實例，以專業心理師臨床實務與自身育兒經驗，融合正向教養學理知識，不僅說明親子衝突中，家長需要先了解的各項原理及如何化解衝突的心態，更輔以簡易對話練習，幫助家長輕鬆上手。

郁芬的文字輕鬆有趣又誠懇實在，對付「歡必霸」的幼兒，本書**提供家長應該如何說、又該說什麼，才能做到溫和堅定的逐步引導**，值得參考閱讀，讓你開始正向教養起步走，簡易練習做到對孩子好好說。

（本文作者是亞和心理諮商與訓練中心院長、臺灣考試院認證諮商心理師、臺灣首位正向教養和鼓勵諮詢導師，同時也為多本阿德勒和正向教養書籍審定導讀寫序。）

推薦序二

講想法、說感覺……正向教養和你想的不一樣

米露谷心理治療所執行長／陳品皓

我早年從事兒童青少年的心理治療時，正向教養在臺灣還是相當陌生的概念，不僅一般人沒聽過，就連我第一次聽到時，心中都不禁納悶：「不就是多鼓勵、少責罵，培養孩子正向心態的意思嗎？這個大家都知道呀，為什麼還要特別稱作正向教養？」

這是我當時的直覺反應，相信跟很多讀者一樣，然而直到我開始對正向教養有一些接觸和理解之後，才發現我先前對正向教養的誤會實在太大了。它不僅沒有我所想像中的強調「正向」本身，甚至顛覆了不少我對教養的過時觀念。

為什麼正向教養如此重要？

在多年的輔導經驗中，我看到許多孩子的心中，因為各式各樣的原因受了大大小小的傷，這些傷可能來自家庭教養的型態、應對方式、溝通衝突等。大部分爸媽的出發點都是善意的，只是我們過程中不經意的忽略和慣性，在孩子內心留下了傷口，以

至於這些傷口化膿而成為親子關係中的阻礙，或是漸漸影響孩子日後的人格與行為。

在我這一代人的成長過程中，我們一直不太有機會被自己的爸媽理解，一來是傳統家庭沒有這個習慣，二來是我們也喪失了貼近自己的能力。於是**講想法、說感覺**對我們**成了一件非常陌生的事情**，等到我們自己為人父母時，自然就延續過去所習慣的方式，強調教養中的教條與規則，忽略孩子的情緒與感受。

事實上，**家長的理解對孩子的身心健康來說，是一劑異常珍貴的處方**。當我們能試著好好承接孩子內心的情緒時，這份理解將會讓孩子內在潛藏的能力與天賦，得到綻放的機會。透過這份承接與理解，孩子能夠整合自己、調節情緒、萌發自我價值。正向教養，恰恰就是這份理解的關鍵。

本書作者駱郁芬心理師，是我相當熟稔的同事及夥伴，我們一起在許多兒童青少年的專業領域合作共事。她對兒童青少年的治療不僅充滿熱忱，也具備極為豐富的經驗，更重要的是，郁芬是位可愛孩子的母親。在許多公私場合，我近距離見證郁芬和孩子之間的深情互動，著實令人感動。她絕對是分享正向教養的不二人選。透過她活潑生動的文字，相信你很快就能**理解什麼是正向教養，並且知道在實際上可以怎麼做**。

這是一本非常適合為人父母、教育工作者以及輔導人員閱讀咀嚼的好書，就讓我們透過作者細膩又專業的分享，一起陪伴孩子成長。

推薦序三

每一次錯誤，都是你和孩子最好的練習

繪星心理治療所臨床心理師／謝玉蓮

以阿德勒心理學為基礎的正向教養，認真看待每一個人的價值感、歸屬感，相信每一個人都是有能力解決困境，並賦予自己成長意義的。

但是，面對現在的育兒生活，你滿意自己的親職角色嗎？每日的教養難題是否也曾經讓你懷疑：自己不是個「夠好的父母」？在陪伴孩子成長的歷程當中，你是否能看見自己的需求、好好照顧自己？

是的，育兒生活充滿的各種教養難題，都在在考驗著父母的自我價值，更對孩子自我價值的形塑有著深遠的影響，而這一路上的成長與陪伴真的很不容易。

我在臨床工作中，也發現許多有困擾行為的孩子，大部分都是喪失信心的孩子。他們不相信自己是有價值的，於是他們只能用自己的方式來解決問題，例如發脾氣、退縮、哭泣、放棄等。然而，這不僅讓父母疲於奔命，親子溝通的成效也十分有限。

因此，我非常高興《爸媽不用忍的正向教養》這本書的出版。本書以阿德勒正向教養學為基礎，列舉學齡前孩子會面臨到的各種成長問題，並藉由實用技巧的教戰守則，讓父母透過每一次與孩子的連結，進而創造信任關係；並以溫和且堅定的態度，讓每一次的錯誤都是親子間最好的練習，以及重拾尊重與討論，肯定彼此的自我價值。

我很喜歡郁芬在書中寫到的實例，以及協助家長彙整而成的正向教養對話。她用**一句句的對話示範**，讓家長**直接應用於生活**，透過這樣的嘗試與練習，除了能具體實踐正向教養以外，也落實了我們教養孩子的初衷。

只是，正向教養是漫漫長路，可能是一個月、一年、五年、十年。慢慢的，孩子懂得尊重他人、每個人都是值得被尊重的獨特個體；慢慢的，孩子知道家是最安全的所在，是可以被傾聽的所在，因而能表達自己的需求與情緒；慢慢的，信任感的建立、情感的連結，成為孩子面對未知世界挫折的養分；慢慢的，不管孩子如何挑戰大人，因為你的溫和與堅定，都能讓孩子明白你愛他，但也有明確的設限；慢慢的，你會理解孩子每個行為背後的需求、陪著孩子一起解決問題，而非流於自我情緒、指責、懲罰。同時，你也能感受到自己是夠好也有能力的父母。

然而，這一切皆源自於父母對孩子的愛、期盼、陪伴、練習，讓孩子感受到自己是有價值的、有歸屬感的。誠摯推薦本書給想改變親子關係、賦予孩子能力的你。

作者序

不苛責自己與孩子，就是最好的教養

二〇一六年，我在高雄繪星心理治療所所長謝玉蓮前輩的推薦下，接下了衛福部委託的計畫——撰寫《正向教養手冊》三至六歲的篇章。彼時我剛成為臨床心理師沒幾年，滿懷雄心壯志，對於臨床工作、教養議題躍躍欲試，渾然不知當時一口答應下來的這個允諾，日後對於我的臨床工作、職涯發展，乃至於成為一位母親，會有多大的影響。

當時，每天從醫院下班後，我就到咖啡店趕稿，寫得暢快淋漓，即使遠遠超過字數限制，仍覺得還有許多叮嚀叨絮未完。

雖然正向教養的概念當時在臺灣還不普遍，但我成天抱著整疊原文手冊研究，越讀越傾心，覺得正向教養的內涵，具體而微的落實了我所認同的每一個教養細節；若我是一個孩子，我會希望自己就是這樣被對待的。

隨著《用愛教出快樂的孩子——正向教養手冊》的出版、網站上線，全文電子檔被下載超過百萬次；二〇一八年衛福部印了二十萬冊廣發至學前教育和醫療單位，以及這幾年「亞和心理諮商與訓練中心」的姚以婷老師孜孜矻矻推動美國正向教養協會在臺灣的課程和系列書籍的翻譯工作，「正向教養」這幾個字遍地開花，每個家長都對於「溫和而堅定」琅琅上口，每個人都急切的想了解該怎麼在教養中做到正向。

這幾年，我持續從事臨床工作，工作場域先後或同時跨越了醫學中心的早療中心、精神科，以及教育單位、衛生單位、社福單位、監理單位、自費診所等，在二〇一九年更與同行夥伴一起成立了心理治療所，深入社區提供心理健康的諮詢。

心理臨床工作於我而言，其實也是有階段性的。一開始，我在那些偷竊、霸凌、說謊、自我傷害、對立反抗的問題兒童及少年個案身上，看見許多不當對待、看見許多失職、看見許多不應該，我心急的想要點出「孩子不該這樣被對待」、「孩子就是這樣被迫長大的」，想要更用力的讓大人看見自己所疏忽的地方——直到我成為一個母親。

二〇一七年底，我的孩子誕生，我一心覺得這不過就是在我密密麻麻的行事曆中，再增加一些待辦事項罷了，直到有一天我發現，我除了餵奶、換尿布、安撫孩子，一整天下來連飯都吃不了、廁所也都上不了。後來，我才慢慢的意識到，**原來，成為一個父母，是澈底抽換掉原本的自己**，換上一個全新模組；我必須**在「自我」與**

「家長」的角色中苦苦掙扎，才能在鋼索上找到一點平衡，不致失足。

等到我終於再有餘裕喘息（彷彿劫後餘生），有餘裕看到身邊的家長們，我對他們感到好心疼。我看見家長們都好認真卻又戒慎恐懼，很擔心自己是不是做得不夠好、不夠正確。我看見**每一個家長身上**，**扛著自己的傷、自己的壓力，仍然努力的想要好好照顧孩子**——但有時，現實是這麼沉重。我常常很想抱抱他們，心疼他們對自己的苛責。

於是，在孩子終於倒睡的深夜，在一面與孩子奮戰，一面維持著臨床工作和治療所經營中慢慢推進的日子裡，這本《爸媽不用忍的正向教養》也一點一滴的寫成。

這本書網羅了家長最擔心的各類行為問題，每一個都是我在臨床工作上實際遇過的狀況。

在這本書，我以兒童發展心理學、臨床心理學、正向教養等專業為基礎，陪伴大家去拆解、理解孩子的各種問題，讓我們有方法、有信心，能在面對孩子層出不窮的狀況時，保有良好的親子關係以外，同時也能讓孩子長出力量、形塑出珍貴的特質。

願所有的大人與孩子，都能被善待，願每個孩子，都能長出足以帶著他們翱翔的強壯翅膀。

前言

不用忍耐也做得到的正向教養

演講或帶團體、工作坊時，我常會在一開始問大家想像中的正向教養是什麼？有一次，一位家長半認真、半開玩笑的說：「正向教養，就是**忍耐的教養**啦！」語畢，講座上的大家都忍不住笑了起來。

我也笑了，這真的是許多人對正向教養的誤解：「正向教養就是父母努力忍耐、不要發怒，帶著正向的心情面對孩子。」

但當父母的都知道，怎麼可能？每天都被孩子氣死三百次啊！

除了誤會要忍耐不生氣，很多人也誤會正向教養就是全然順著孩子，因此擔心正向教養會寵壞孩子。

事實上，由簡．尼爾森（Jane Nelsen）所創立的正向教養，是以阿德勒學說為基礎的教養法。既不是忍耐，也不是縱容，而是**以孩子的年齡**、**特質**、**發展需求為基礎**，**透過鼓勵的方式進行教養**，讓孩子逐漸形成良好的品格與性格特質，同時發展照顧者及孩子互相了解及尊重的親密關係。

在這個過程中，我們透過溫和的方式去回應孩子，並以「堅定」的態度傳遞大人所看重的行為原則。

正向教養，跟我們過往所熟悉的傳統教養有什麼不同？讓我們從以下兩個例子一探究竟。

因為先生工作的關係，我寫這本《爸媽不用忍的正向教養》時，剛好帶著寶寶在歐洲短居。

有一天，我們在餐廳吃飯，熟悉的語言吸引了我們的注意。一位媽媽大聲的說：「我沒有你這種小孩！」伴隨著媽媽的斥責，同桌的其他大人連忙打圓場，要孩子趕快向媽媽道歉，而那目測大約四、五歲的孩子則是大哭不已，最後由爸爸拉著胳膊帶出餐廳。

這樣的情境，在每個人的成長過程中一點也不陌生，甚至我們或許都曾經是那個嚎啕大哭的孩子，因而也能理解那位孩子的委屈與害怕。

然而，身為父母的我們也熟悉那位母親的感受：她或許是覺得面子掛不住，或許是覺得大人的權威受到了挑戰，又或許是擔心他人的眼光。無論如何，那都是很不舒服的感受。在上述情境中，周遭的大人都看到了媽媽的不愉快，因此認為，只要孩子趕緊道歉，讓媽媽別生氣就沒事了。

但是，孩子為什麼要道歉呢？

若我們仔細思考，就會發現大人們沒有說出口的是：「為了你傷了大人的感受而道歉」，這句話再延伸的話，傳遞的訊息是：「你需要為大人的情緒負責／你要避免讓大人感到不舒服」，以及「大人的感受比你重要／大人比你重要」。

大人的感受確實很重要，但在傳統的教養方式中，**我們常常忘了孩子的情緒與需求也該被看見，而且無論大人或孩子，每個人的情緒感受，都是同等重要的**。因此，孩子該學習合宜的行為，但同時大人也該為自己的情緒負責。

不久之後的一個午後，我跟我兒子在咖啡廳裡消磨時間（其實是趁他午睡趕緊抓點時間工作）。同一張大桌上的母女三人，因為熟悉的語言，再度吸引了我的注意。事情起因是這樣的：在歐洲喝咖啡，通常會附上一小塊餅乾或巧克力，這時小女孩正央求媽媽讓她吃那塊巧克力，但媽媽並不答應，於是小女孩氣嘟嘟的，又是抱怨、又是哀求。

在如此熟悉的劇本中，接下來會怎麼發展呢？

很有可能是小朋友被斥責一番，然後哭得一把鼻涕、一把眼淚的，不甘願的跟著媽媽回家。若孩子在店裡吵鬧了起來，換來的甚至可能是更難堪的責備。

但是那一天，那位媽媽只是伸出手、把孩子摟向她，輕聲的說：「我知道妳很想吃巧克力，但是這個對健康不好，妳不能吃。」媽媽抱抱她，繼續說：「走吧！我們一起散步回家！」

小女孩雖然還是有些不情願，但是沒多久就再度跟姊姊有說有笑，母女三人手牽著手，開心的走出店家，留下桌上的巧克力。

是什麼魔法改寫了劇本？

關鍵就在於：在向孩子說「不行」之前，這位媽媽同理了孩子的感受（「我知道妳很想吃」），以及提議了一個**轉換心情的好策略（散步回家）**。

這就是**正向教養與傳統教養**最大的不同。

比起跟孩子說「不可以」，我們更應該先同理他，再給方法，以轉換孩子的心情。換言之，我們並**沒有放棄自己在乎的事情**，例如健康、營養、安全、負責、自律，但我們也覺察自己的感受和可能存在的教養困境。與此同時，我們也理解了孩子的感受、看到孩子行為背後的原因。

如此一來，透過彼此的尊重和理解，共創了對大人與孩子而言皆是正向的教養經驗。接著，讓我們進入正題吧！

第一章

正向教養的基本概念

CASE 1

禮貌這件事，該怎麼教

現代家長多多少少都會加入一些家長群組或社團。某天，在一個社團中，有個顯然十分苦惱的家長提出了一個問題，引起大家熱烈的討論。

主角我們姑且稱他為多多。媽媽說，五歲的多多很沒有禮貌，見到人都不問好；帶他到親戚家，明明已事先叮嚀他要叫人，但到了現場還是悶不吭聲。孩子這麼沒禮貌，讓父母覺得很丟臉，不知道該怎麼教才能讓他學會打招呼。

許多家長紛紛表達了一樣的困擾，有人說自己的孩子是看到別人手上的東西，就直接開口說想吃，結果搞得對方一陣尷尬，不得不分給孩子；有人則說自己的小朋友看到肢體不方便，或是身型比較特別的人，會直接開口批評，讓旁人十分困窘。

在親職諮詢中，這些狀況也經常被問到，為什麼「禮貌」這件事這麼難教？我們該怎麼做呢？

1. 大人可以表達期待，但孩子有權說不

「禮貌」這件事，對成人來說好像理所當然，但是如果深入思考，我們會發現標準其實不太好拿捏：有些人要叫阿伯、有些人要叫叔叔，但有時我們也會對阿嬤年紀的人叫聲大姐，而這些都和我們平常教導孩子的原則不太一致，甚至有些話還不能實話實說，必須撒點謊才行。

當我們意識到「禮貌」的詭譎難測，就能理解為什麼對某些孩子來說，表現禮貌這麼困難了。

事實上，禮貌在群體中其實是一種**互相尊重**、**釋出善意**的表現。我碰到你了，說聲對不起；路上遇到人，問好表示友善；遇見認識的人，寒暄代表關心。

有時候，**孩子雖然知道大人期待他打招呼**，但就是難以啟口，這可能跟**孩子的個性較為緊張**、**謹慎有關**。面對陌生環境或陌生對象時比較退縮，或是腦袋打結，不知道該怎麼做，通常這時候的孩子需要的是**安全感或自信心**。

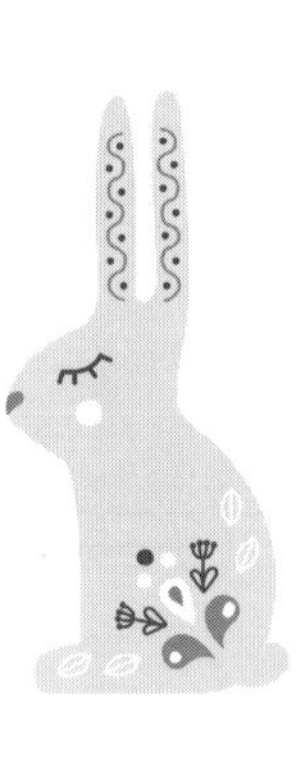

由於上述原因，所以我們在教導孩子禮貌時，不能只是形式上的打招呼，更應該讓他明白**「打招呼」或「開口／不開口」背後的出發點**，必須是尊重與善意。更重要的是，我們自己在教導孩子時，也必須尊重他們的感受和意願，才能以身作則，並且讓孩子學會尊重他人的重要性。

換言之，禮貌的重要性是來自於本質上對於彼此的善意和重視。所以，我認為用「尊重」來替代「禮貌」更為恰當，因為後者在華人文化中，有時會與尊卑、服從等概念太過密切，失去了其中美好的原意。

而在正向教養的概念中，對於彼此意願、感受的尊重是非常重要的——**父母有權利表達期待**（非權力），同時，**孩子也有權利表達自己的意願和感受**，這兩者是需要同等的被看重、被納入考量的。

也就是說，當孩子說「不」、當孩子表示膽怯、害怕，我們必須正視他的意願和感受。例如：當孩子不願意為父母跑腿時，我們可以失望、無奈，當然也可以生氣，但我們也要接受孩子有拒絕的權利。因為，在**教養這條路上，沒有誰對誰錯，而是需要調整彼此來達成共識**。

若希望事情朝向自己想要的方向發展，我們可以透過協商的方式，告訴孩子：「爸媽很疲憊，很需要你的幫忙。若你願意幫忙的話，爸媽會非常謝謝你的。」亦即，我們不能挾著大人的威勢去命令、威脅、利誘或是情緒勒索。但是同樣的，若是我們覺得很疲憊，沒有力氣陪玩或是煮飯、打掃，也是需要被尊重的，我們可以讓孩子知道：「媽媽今天生理期不舒服，需要在這邊休息一下，你先自己玩好嗎？」

然而，尊重彼此說起來容易，卻有非常多「沒有答案」的模糊空間，例如：寒流來的日子，孩子堅持穿著單薄的衣服；或是每天可以玩多久的手機，都是對照顧者的智慧大挑戰。面對上述困難，本書後面將介紹各種做法及實例對話供大家參考。

教養的路上確實沒有標準答案，因為每一個家庭、每一對親子、每一個大人和孩子，都有自己的需求、喜好和想法，而這些都如此重要，需要被審慎的放在心上。不過，教養路上倒是有著明確的北極星：**向著尊重與愛出發，方向就不會錯**。

你也可以做到的正向教養對話練習

我們如何幫助孩子學會禮貌呢？以下有幾個建議：

- **用示範，讓孩子主動仿說**

這個方法特別**適用於缺乏信心、較為緊張的孩子**。

在需要打招呼的當下，我們可以不著痕跡的示範「該怎麼做」，例如：「這是王伯伯，我們說『王伯伯早』」。這時候，孩子只需要仿說，開口的難度自然就會降低一些。

● 給孩子臺階下

孩子還不是社會人士，**卡住、出錯是正常的**。當孩子「凸槌」，或是觀察到孩子卡關時，就需要大人來救援了！大人可以跳出來說話，既給彼此臺階下，也讓孩子感到被理解。例如：

「**你好想吃那個餅乾**，對嗎？那你可以跟媽媽說，不能直接跟阿姨要喔！」

「**你還有點害羞**，所以不好意思打招呼，對嗎？那我們跟阿姨點點頭。」

有時候，我們也可以帶著孩子一起主動釋出善意，例如搭電梯時跟進來的人問好、向賣場的工作人員道謝等，讓孩子感受到**禮貌是一件讓彼此都覺得愉快**、舒服的事，而不總是「被要求」、「被逼迫」、「沒做會被罵」的討厭事，自然會比較有意願表現出禮貌。

POINT

給孩子提示，帶著他說。

✕「叫人啊，你的嘴巴長哪裡去了？」

○「這是王伯伯，我們一起說王伯伯早！」

CASE 2

不願分享

叔叔一家就住在小昕家附近，他們常常帶著跟小昕同年的小堂妹來作客。每次他們一來，媽媽都會叫他拿玩具跟堂妹一起玩，但小昕總是拒絕。

那天，叔叔一家人又來家裡了。那時小昕一個人在客廳正開心的玩著小汽車，小堂妹走過去，很有禮貌的指著旁邊的扮家家酒玩具說：「請問我可以玩這個嗎？」小昕想了想，搖搖頭表示不要。

小堂妹不死心，又問了一次：「我想要玩這個，可以借我嗎？」小昕還是搖搖頭，說：「不要，這是我的玩具！」

這時候，小昕的爸爸有點惱火了，壓抑著怒氣，對小昕說：「妹妹已經這麼有禮貌了，你怎麼還說不要？你玩具那麼多，又沒有在玩那個，不要這麼小氣。妹妹，哥哥沒有在玩，妳直接拿去玩就好了！」

小昕聽了，小汽車也不玩了，嚎啕大哭了起來，然後跑到房間躲了起來，留下在客廳氣到不行的爸爸。

2. 多說「我知道」，理解他的感受

小昕怎麼了呢？孩子又為什麼會不願意分享？

要回答這個問題，我們得先回過頭問自己：為什麼我們要分享？分享的目的是什麼？有什麼東西是身為父母的我們會願意與他人分享的？

分享的價值與目的，其實在於一種「**共好**」，也就是，我覺得某件事情或某個東西很棒，我想把這份情感傳遞給你，讓你也覺得很開心；而這件事對我來說，有成就感（我能令你感到開心）、情感的連結（你是我在乎的人），或是實質的好處（一起玩更好玩、下次換你借我）。

孩子世界的分享，與大人並無二致，所以分享亦出於自發、出於喜悅，只要有一絲的不情願，分享的本質就被破壞了，所以父母千萬**不要用「會分享才是好小孩」**、**「會分享，爸爸／媽媽才喜歡你」來脅迫孩子分享**。

此外，我們希望孩子能尊重他人的物權，我們自然也該以身作則，尊重孩子的物

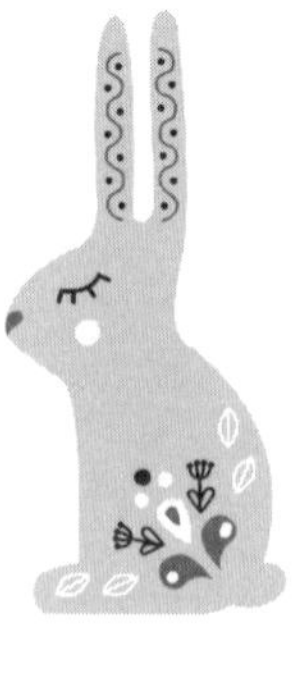

權：**這是孩子的東西，他有權利決定是否分享、分享給誰**，就如同我們不會期待同事、朋友無條件的把任何物品都分享給我們一樣。如果孩子對於物品的所有權越沒把握，例如隨時會被要求甚至擅自借出，那麼孩子便會因為不安，而更加保護自己所擁有的東西、更不願意分享。

因此，當孩子不願意分享時，別再對他貼上小氣的標籤，孩子只是安全感不足、信心不足，或是還沒體會到分享的喜悅。

比起責備、命令，試著說：「我知道你……」

有時候，我們會想要趕快把事情解決，而不自覺的用比較強硬的方式讓孩子就範，這可能是因為時間壓力，也可能是因為孩子偏離了我們預設應該要有的做法，甚至讓我們覺得面子掛不住，進而造成我們的不安，但我們卻沒有察覺。

然而，若我們仔細回想，會發現**「求快」所採取的做法，往往引發更強烈的情緒或不理想的後果**，造成後續更多時間精力上的損失。

以上述的例子來說，當爸爸直接要小堂妹把玩具拿走時，小昕的情緒徹底被挑起，家長事後勢必花費更多的時間來安撫孩子。又或者，當孩子搞砸一件事情時，即使我們的出發點是幫助孩子理解問題出在哪，卻常常忍不住碎唸：「你就是這樣莽撞，弄壞了你賠得起嗎？」、「自己弄倒的，有什麼好哭？下次要小心一點」，孩子也可能會在心裡築起一道心牆，不願讓父母更接近。

要讓孩子理解父母的用心，而非將我們拒於千里之外，最重要的是先**把自己的情緒反應暫放一旁，與孩子站在一起，體會他的感受**，並理解對他而言事情的樣貌為何，包括關注的焦點、被挑起的情緒、解讀方式、希望的解決方法等。若我們能試著去同理孩子的想法，很可能發現這些都與我們所想的不同。

舉例來說，我們可以先問一問孩子的想法：「那時候發生了什麼事呢？」、「那個時候你想到什麼？」、「你決定這樣做，是什麼原因呢？」但我們得提醒自己：這樣做的目的是為了讓孩子有一個被傾聽的機會，而不是問責、找缺失、檢討。

接著，我們**可以把孩子的情緒關鍵字點出來**，這樣做可以讓他知道我們懂了，對於安撫孩子的情緒會有神奇效果。例如：

「你玩具這麼多，不要這麼小氣。」

↓

「**我知道**你很喜歡那支筆，不見了真的好**傷心**……。」

「**我發現**弟弟撞倒你的城堡讓你好**生氣**。」
「**我知道**你**擔心**玩具借出去會被弄壞。」

等到**孩子覺得自己充分被理解**，我們**才能著手解決問題**、**提出建議**，在這個階段，同樣再用討論的方式進行，例如：

「你覺得下一次可以怎麼做，才不會又不見呢？」
「你覺得現在可以做些什麼，讓自己心情好一點呢？」
「你想要我抱抱你嗎？」

也就是說，連結了情感、了解了想法，才有辦法處理問題（如下頁圖1-1所示）。

你也可以做到的正向教養對話練習

其實，孩子天生就有分享的傾向，回想孩子第一次成功疊出高高的積木時，是不是開心的看向大人呢？當孩子玩扮家家酒時，是不是煮了好料就要和爸媽分享？當孩

圖 1-1　孩子的情緒關鍵

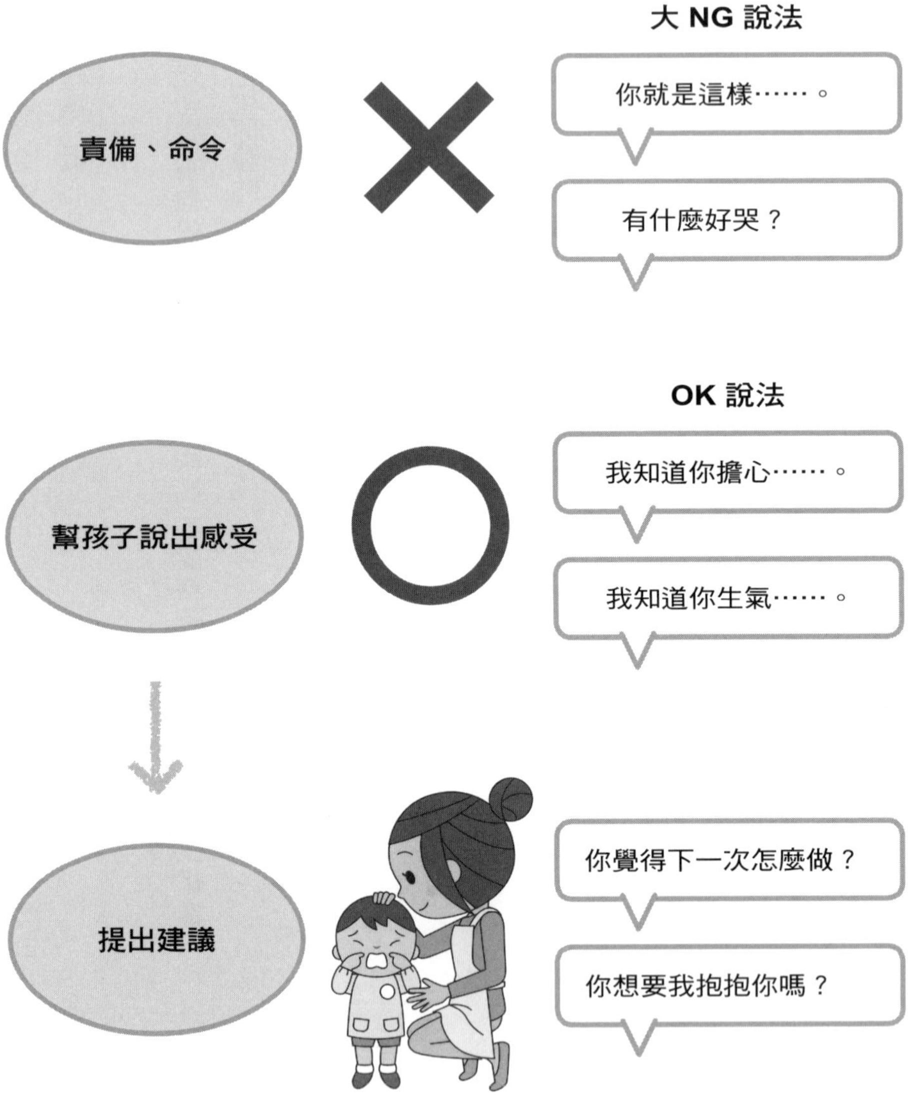
大 NG 說法
責備、命令
你就是這樣……。
有什麼好哭？
OK 說法
幫孩子說出感受
我知道你擔心……。
我知道你生氣……。
提出建議
你覺得下一次怎麼做？
你想要我抱抱你嗎？

子在學校拿到糖果、貼紙，是不是總是小心呵護、帶回來送給家人？這些都是孩子自然而然的分享。

如果能抓到這些小小契機，大大表達你的驚喜和感謝，會讓孩子更容易理解分享的正向經驗。

不過，此時我們也要注意，不要過度叮嚀「那你下次要記得跟〇〇分享玩具」這種提醒反而讓孩子感到壓力、更排斥分享。

●「如果〇〇，怎麼辦？」，陪孩子練習思考

如果孩子還需要更多時間來體會分享的美好，那我們就耐心等待。但在孩子準備好之前，難免還是會遇到類似小堂妹來訪這樣「被期待要分享」的狀況。

此時，我們可以預先陪孩子演練：

「這一次準備好分享了嗎？還沒的話，你想要先收拾哪些東西在房間呢？」

「如果小堂妹開口想借，我們可以怎麼說呢？」

「要不要準備一些你沒那麼寶貝、願意借她玩的呢？你希望媽媽怎麼幫你呢？」

● 創造「被分享」的正向感受

有時候，孩子並不知道原來收到來自他人分享的東西，感受有多麼美好，我們可以以身作則，讓孩子有同樣的體驗：

「這個蛋糕好好吃，是我最喜歡的口味，分一些給你吃吃看！」

「這是我最喜歡的衣服，但我知道你很想借……我相信你會很小心的，對嗎？」

POINT

用「我知道」理解感受，並且創造正向經驗。

✕「你的玩具那麼多，很多都沒在玩，不要這麼小氣！」

○「我知道你擔心借出去會被弄壞，有沒有你比較願意借給他的玩具呢？」

CASE 3

過於需要大人關注

那天，阿丹的媽媽帶著他來諮詢，因為老師反應阿丹在學校不太能遵守團體規矩、跟大家處不來；媽媽也觀察到阿丹在家裡似乎很需要大人的關注，而且不太願意妥協。

在會談室中，媽媽與我相談不過十多分鐘，五歲的阿丹一下子打斷談話、要求媽媽陪玩，一下子問也不問就拿起旁邊的東西丟著玩，一下子又說「好無聊喔！」跟媽媽要了手機去看，不時大聲爆笑，旁若無人。

儘管如此，阿丹媽媽還是充滿耐心又親切。阿丹一靠過來，媽媽總是立刻中斷談話，柔聲回應他，但她也不是放任阿丹胡鬧，她都會說：「寶貝，拜託你再等我們一下下，好不好呢？」可惜效果不彰。

阿丹媽媽對於孩子非常用心，對孩子的各項發展狀況非常了解，也細心安排了許多親子活動。那麼，為什麼丹丹還是如此需要大人的關注呢？

3. 有設限、有要求，孩子才會主動思考

孩子在三歲以前，行為確實都是以自己的需求為出發點，這是因為他們還在發展自我意識，以及自我與外界的界線，因此幼童的自我中心表現是很正常的。當孩子逐漸長大以後，才會進入到與他人共處的世界，此時，因應環境和他人的狀態而適當的調整行為，就有其必要。

在一些自我中心的案例中，孩子缺乏的是對於他人感受的在乎。除了特定的發展性障礙（例如：自閉症類群疾患）之外，這可能**跟孩子從小被對待的方式有關**。若是周遭的人都對孩子百依百順，孩子的需求總是被放在第一位、優先被滿足，那麼孩子自然會覺得自己的需求和喜好才是最重要的，其他人都不重要。

此外，有時孩子顯得自我中心，其實是由於他的**觀察力不足**：他沒有發現大家都已經轉換活動了，或是場合不對，應該要適度調整一下自己的舉止，因此就顯得格格不入了。

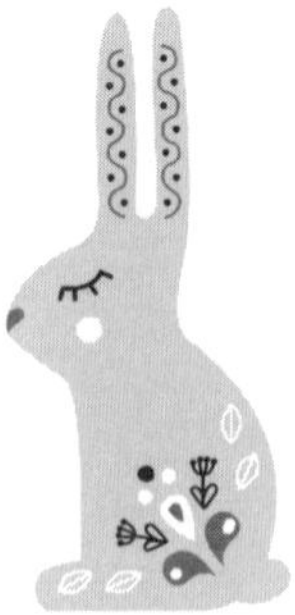

若孩子進入團體生活，卻還是只考慮到自己的喜好、需求，並期待他人滿足自己，那麼他在人際上會開始出現困難，例如：其他小朋友不願意跟他玩、對他疏遠，甚至以牙還牙。令人心疼的是，這些**孩子常常並不理解原因，只覺得挫敗、生氣**，甚至因此失去自信和交朋友的動機。

孩子應該有「情緒」，好與壞都要有

近年來，許多家長已經開始反思傳統打罵教育可能帶來的傷害，並大幅減少了打罵、羞辱的教養方式，改用正向的方式來教導孩子。

然而，正向兩字雖然充滿了幸福與希望，但有時候也會帶來一些誤會，其中最大的誤會莫過於：**以為正向教養就是「必須設法讓孩子總是處在正向情緒之中」**。許多家長因此不斷壓抑自己的情緒、對孩子百般順從，甚至對孩子過於保護或寵溺。

讓孩子在快樂的情緒中成長看似非常美好，但是永遠的「好情緒」是不可能的，而這也不是孩子所需要的。

試想，若孩子從小處在一個總是以自己為中心、事事順著他、無須顧慮他人感受的環境，最終會成為什麼樣的人呢？

是的，這樣的環境並不會教出一個受歡迎的孩子。更令人詫異的是，在這樣環境中長大的孩子，非但不會感到快樂，反而會讓孩子無法理解他人的感受，也不懂得如何與他人互動並保有彈性或分享彼此，因而很容易在人際上受挫，而對內，孩子則會難以處理自己的情緒，或是在困頓時難以解決問題。

相反的，**適當的設限、給予要求，能協助孩子辨明哪些事情才是重要的**，並且讓他知道怎麼做可以帶來成功或正向經驗，以及幫助孩子獨立處理問題。最重要的是，也可以讓孩子學習到當與他人意見相左時，該怎麼處理或應對。

有些家長內心深處會隱隱擔心「若是讓孩子不開心，就代表我不是個好爸媽」，因而為了不讓自己感到失職，只好不斷的努力討孩子開心。

然而，事實並非如此。能帶給孩子許多正向經驗，確實是我們所追求的，但是家長這個角色成功與否，關鍵並不在於「是否從來沒有讓孩子心情不好」，而是在於能**與孩子發展出親密、正向的關係**，讓孩子成為一個能關照自己需求，也能在乎同理他人的人（見下頁圖1-2）。

在教養的過程中，幫助孩子理解行為原則、限制、規範，以及這些限制和規範背後的意義，是我們能給孩子最珍貴的禮物之一，對孩子來說，會有長足的影響與幫助。

圖 1-2　正向教養的誤解

何謂正向教養？

讓孩子總是處在正向情緒之中。 ✕
- 過於保護、過度寵溺。
- 人際受挫，難以處理自己的情緒。

適當設限、給予要求。 ○
- 辨別事物的重要性。
- 能關照自己的需求，也能同理他人。

你也可以做到的正向教養對話練習

要改善孩子自我中心的狀況，我們可以先向孩子清楚說明原則，以及其他的選項。例如，當孩子的要求與大原則相抵觸而無法被滿足時：

「你想要叔叔的玩具車，但那是叔叔的寶貝，他可以決定他要不要借你。」

「捷運上的椅子是給大家坐的，你想要踩在椅子上，那就要把鞋子脫掉。」

這些句子若是搭配「同理孩子的感受」、「給予選擇」（可參考第三十四頁），效果會更好。

例如：「叔叔說車子不能借你，你好生

氣、好傷心。你想要媽媽抱抱你嗎？」

此外，我們也可以在不同環境中引導孩子觀察他人的行為，以增加孩子關切他人的能力，例如：

「你看，大家都很安靜的在看書，所以我們在圖書館講話也要小聲一點，才不會吵到別人。」

「你看，旁邊有很多服務生端著菜走來走去，所以我們走路要小心、不要用跑的，才不會被撞到。」

●提出要求時，使用直述句，而非疑問句

許多大人在對孩子提出要求時，會為了展現溫和的態度，而不自覺的使用疑問句，像是「寶貝，把鞋子穿起來好嗎？」

然而，只要孩子回一句「不要」、「不好」，輕易就讓我們陷入兩難的境地：該強迫孩子接受，還是妥協放棄我們的要求？若兩者都不願意，就很**容易落入「試圖說服孩子」的迴圈**裡。

此時，建議可以提醒自己：當我們**提出問題時，一定就是能讓孩子自己做選擇、做決定的狀況**；若我們當下並非真的要讓孩子自己做決定，而是**希望他們配合，那就要使用直述句，而非疑問句**。例如：

「天氣冷了，把衣服穿上吧！」

「要過馬路了，把手牽好。」

「我們約定好了，只有生日可以買玩具，所以今天不買玩具喔！」

POINT

避免「拜託」、「好嗎？」，改用直述句說明原則。

✕「寶貝，把鞋子穿起來好嗎？」

○「要出門了，把鞋子穿上吧！」

CASE 4

在路上大吵，非要買東西

「我不要！我不要！我就是要買這個！」才剛走進超市，就聽到有人在大吼大叫。走近一看，一個大約三、四歲的男孩，站在進口糖果區前大哭，只見爸爸和媽媽輪番上陣：「不行，你吃了這個又要咳嗽了，不能買！」孩子聽了媽媽的話，哭得更大聲了。接著，爸爸晃了晃手上的小玩具搭腔：「你不要買糖果，爸爸買這個給你，好嗎？」孩子搖頭，又哭喊著：「我不要！我就是要這個！」

結果，連路人阿伯也忍不住出聲幫忙：「你最乖了，不要買糖果好不好？」孩子毫不猶豫的大喊：「不好！」另一位阿姨決定試試看不同的方法：「你再哭，等一下老闆會叫警察把你抓走喔！」這次孩子沒有答腔，只是哭得更淒厲了！

路人七嘴八舌的議論：「就是被寵壞才會這樣」、「打下去就聽了啦」、「我們以前哪敢這樣」，只見這對父母仍手足無措，顯得既尷尬又氣餒。

4. 交換條件只有短效，你該做的是提供選項

這個真實的場景，對許多父母來說都不陌生吧！發生在自己身上時，肯定冷汗直流、又氣又惱，當場很想找個地洞鑽進去。三歲左右的孩子，為什麼經常出現這種吵著要特定的東西、「歡必霸」（hoan-pit-pà，指不講理的意思）的狀況呢？

如同很多家長都知道的，孩子會有這個行為，其中一個可能就是在「測試底線」，也就是測試父母是否會因為激烈反應而妥協。然而，「測試底線」聽起來其實帶有一點對孩子頑劣、不服從的控訴，因此我比較不贊成用這個詞來解釋孩子的行為。

事實上，孩子是在這樣的過程中，**一次又一次的認識到行為的規範、原則，建立起「原來這種狀況可以」、「原來這種狀況不行」的行為標準**。所以，孩子的哭鬧索求並非是對大人的挑戰，而是一種學習的必經環節（見下頁圖1-3）。

另外，還有一種可能性，是孩子即使已經知道大人的原則不可動搖，但還沒學會克制自己「想要」的欲望，或是還不懂得如何與「無法獲得」的傷心、難過情緒共

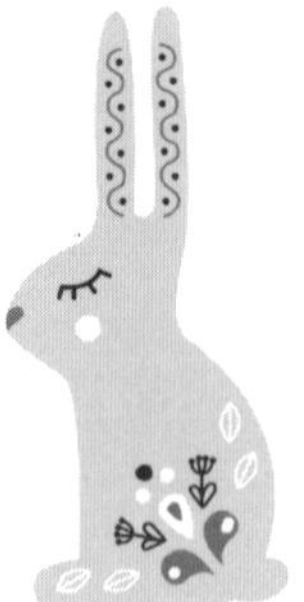

圖 1-3　孩子行為原則的建立方式

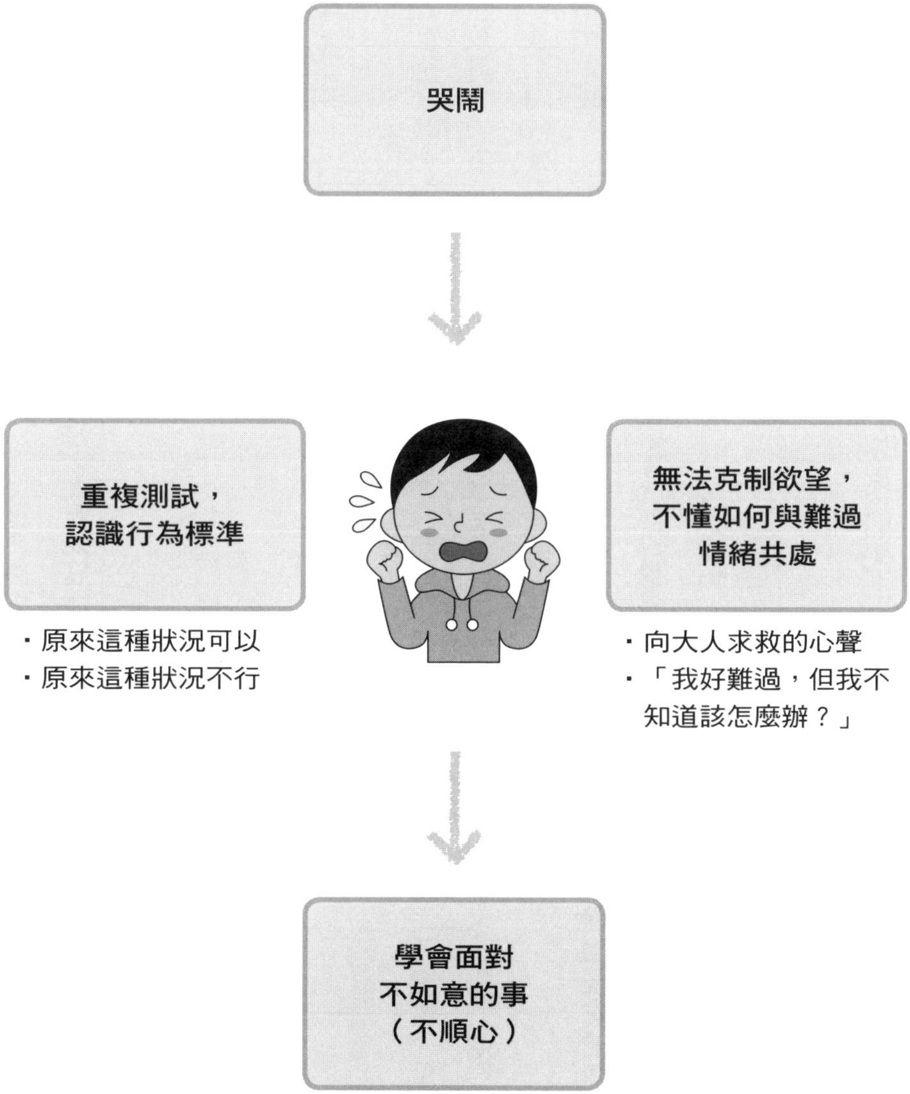
哭鬧
重複測試，
認識行為標準
・原來這種狀況可以
・原來這種狀況不行
無法克制欲望，
不懂如何與難過
情緒共處
・向大人求救的心聲
・「我好難過，但我不
知道該怎麼辦？」
學會面對
不如意的事
（不順心）

處，也就是「延宕滿足」（按：詳細說明請見第五十二頁）的能力不足。此時，孩子的哭鬧就更不是對大人的挑戰了，他們其實是在說著：「**我好難過，但我不知道怎麼辦，我需要你的幫忙！**」

聽到這樣的求救，就趕快給孩子一些安撫吧。

溫和的態度，孩子反而說YES

在前面，我們談到了行為原則的重要，而對行為原則採取清楚而堅定的態度，就是正向教養中的第一個關鍵，也就是父母要有自己的原則和底線。接下來，我們則要來談一談正向教養中的另一個關鍵：**溫和的態度**（見下頁圖1-4）。

所謂溫和的態度，並不是指「事事順從孩子」，而是我們**在對孩子提出要求的同時，並不流於情緒化，並且維持慣有的溫暖和關心**。如此一來，孩子才能明白大人對他們的要求，出發點並不是基於大人的一己之私、自己的情緒或喜好，或是「因為我是大人，所以規則我說了算」的威權霸道，而是出於協助孩子辨明重要的道理、培養必要的能力，或是保護他的安全和健康。

所謂溫和，包含了下述元素：提供孩子情感上的安全感、同理孩子的感受、找出

圖 1-4　依堅定、溫暖，分成四種教養風格

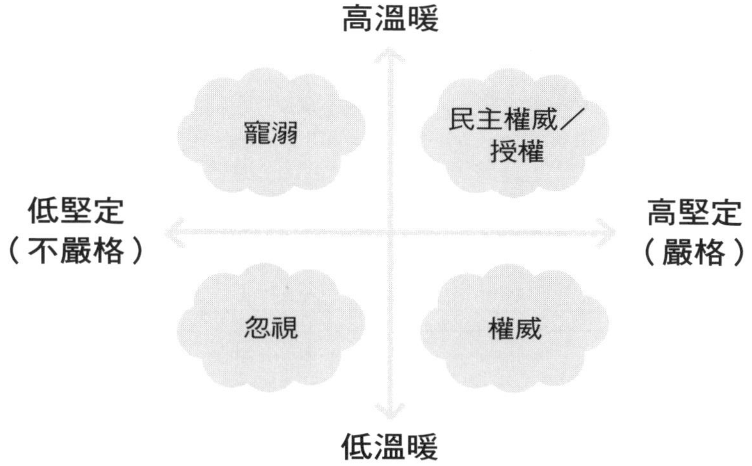

※ 由發展心理學家黛安娜・鮑姆林德（Diana Baumrind）在 1960 年提出的四種教養風格（Parenting Styles）。

孩子行為背後的需求、理解孩子的發展程度和能力，以及最重要的，明確的傳達**無條件的愛**（也就是「我不是因為你做到某些事才愛你」）。這其中的每一項，都值得詳細說明，我們會在後面的章節中陸續談到。

許多家長擔心過於溫和的態度無法震懾住孩子、讓孩子聽話，但神奇的是，**在溫和、溫暖的環境中，孩子感到安全、自在**，他們會自然產生一股動力，希望維持與大人之間這樣的正向關係，因而反而較樂意配合要求。

要在親子衝突中仍能維持溫和的態度，不能只在事情發生的當下才開始努力，而是必須從日常開始累積。

在平時，我們可以透過大量的擁抱、鼓勵，跟孩子一起玩，也可以一起進行較輕鬆愉悅的活動，例如閱讀、共浴等。

當孩子遭遇挫折及困難時，我們可以適時給予陪伴及協助；若孩子犯錯了，則可以一起討論如何彌補、修復，同時也強化大人對孩子的信任和支持。

當孩子知道身邊的**大人是可靠的、溫暖的而且支持自己的**，那麼在大人設定界線、提出規範時，孩子自然也較能信服。親子關係就像儲蓄，平日的點點滴滴，都會成為孩子的養分，累積了豐厚的關係資本，在面對衝突時，才有足夠的餘裕去磨合、衝撞，最終找到夠好的解決方法。

心理學小技巧

● **延宕滿足**

延宕滿足（delay gratification），由美國史丹福大學心理學教授沃爾特・米歇爾（Walter Mischel）所提出，是指能夠學會控制自己的需求（生理、情緒、物質），以換取未來更重要的報酬。

這在自律行為中，是一項很重要的能力，更是形成孩子未來人格的關鍵因素之一。因此，在幼兒時期，我們就需要開始培養孩子的延宕滿足能力，幫助孩子將注意力從渴望的物品移開，並且陪伴孩子處理「得不到」的失望感受。

你也可以做到的正向教養對話練習

許多父母面對孩子耍賴又暴走，經常是一籌莫展，但除了順著孩子的要求去做，或是直接使出打罵策略，我們還能試著這樣做：

● 為什麼不行？別哄騙孩子，說真話

有些父母覺得孩子會聽不懂，或是只求轉移孩子的注意、立刻停止哭鬧，就會尋求比較簡便的處理方法，例如編造無關的原因、跟孩子交換條件、威脅，或是空泛的稱讚。

「我今天沒有帶錢錢。」

「你不要買這個，我們等一下叫爸爸帶你去公園。」

「你再吵我就把你留在這邊。」

「你最乖了，不要哭了，好嗎？」

上述做法無論是否能成功安撫孩子，最終都無法讓孩子理解「為什麼不能買」以及「什麼狀況下可以買」，所以孩子下一次**只好繼續哭鬧**，繼續「實驗」**看看什麼狀況才能成功買到東西**。最好的方法，就是用孩子聽得懂的語言說明真正的原因，例如：「糖果甜甜的很好吃，卻沒有營養，而且會吃不下飯和蛀牙，所以現在不能吃糖喔！」當孩子理解了，下一次就不會再哭鬧。

● 用啟發式問句，讓孩子自己思考

若孩子真的很想要某樣東西，那麼我們可以運用啟發式問句。透過提問來引導孩子思考，以提高孩子參與及配合的動機。例如：

「糖果看起來很好吃，那你還記得有哪些日子可以吃糖果嗎？」

「你真的好想要這個東西，那有哪些日子你可以買這個當禮物呢？」

● **幫孩子把情緒說出來**

學齡前的孩子，還在學習認識自己的情緒，因此我們可以幫孩子**把情緒說出來**，讓他知道我們理解他當下的感受。接著，再**提供**一些**處理情緒的選項**，這就是在幫助他與自己的情緒共處。例如：

「你好想要買糖果吃，不能吃好傷心。你想要我給你一個抱抱，還是我們一起去找一找雞蛋放在哪裡呢？」

POINT

不用哄騙老招，說明真正原因。

✕「你不能買這個，我們等一下帶你去公園。」

○「我知道你真的好想要這個東西，那有哪些日子你可以買這個當禮物呢？」

CASE 5

做什麼事都慢吞吞

中班的瓜瓜是有名的慢郎中，做什麼事情都慢吞吞，不管爸媽怎樣催，瓜瓜還是慢條斯理，簡直快把大人氣死。

「快點去刷牙！」、「趕快吃早餐！」、「你衣服怎麼還沒換！」從起床到出門，媽媽不知道說了幾次「快點」。好聲好氣的說、提高音量的說、挑重點說……通通都沒用，瓜瓜還是一樣慢吞吞，每天出門都差點遲到。

在學校也是一樣，排隊、吃午餐、收拾桌面、做美勞，無論什麼時候，瓜瓜都是全班最慢的那一個，讓老師也很苦惱。

但說也奇怪，瓜瓜並不是漫不經心的孩子，他做起事來很認真，也做得很好，可是動作就是很慢，好像在他的世界裡，時間就是走得比一般人慢似的。瓜瓜到底怎麼了呢？

5. 別老說「必須」、「一定」，家長不用每件事都要管

我常常戲稱，「家長口頭禪排行榜」第一名是「不要○○」（不要吵、不要一直看電視），第二名就是「快點」。

到底為什麼孩子老是慢吞吞？

對學齡前的孩子來說，「動作慢」最主要的原因，就是他們還沒有建立起時間觀念，因為時間這種看不見、摸不著的抽象概念，對學齡前孩童的大腦發展程度來說還太困難，**多數孩子要到接近學齡才會逐漸理解**（按：詳細說明請參考第一一九頁）。

也因此，他們並沒有「還剩五分鐘」、「再不起床就要遲到了」、「九點不上床睡覺會睡眠不足」這樣的時間觀念，當然也就不知道要加快腳步，或是事先規畫好時間分配。

另外一個常見的原因則是被其他事情吸引，也就是分心，但這對孩子來說再正常不過。畢竟生活裡實在太多好玩的事情了，而**孩子就是透過對這些事情的觀察、思**

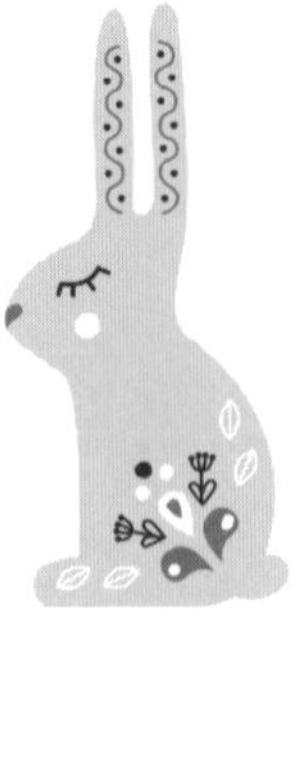

考、探索，來建立起各方面的能力。因此，當孩子對周遭環境保有好奇心、想去探索時，我們其實需要好好呵護這珍貴的火苗，而不是只會催促孩子行動，因為這就是未來孩子能主動學習的動力來源。

最後，還有一個更根本的原因——孩子天生就是個慢郎中！想想我們周遭的親友，是不是有人個性十萬火急、有人從容不迫？同樣的，有人文靜內斂、有人活潑外向；有人保守穩定、有人求新求變；有人生活規律、有人彈性十足，就是這些多元的性格，才造就了多元的世界。雖然是慢郎中，但看到的風景或許很不一樣喔！

大人的堅持不一定有必要

在教養路上，我們不免有個理想樣貌的期待，若是仔細想想，就能發現我們與孩子產生衝突，或是被挑起情緒的時刻，正是孩子的行為沒有符合這個理想樣貌所致。

然而，我們需要提醒自己，每個孩子都有他獨特的樣貌、特質，與其心心念念要把孩子塑造成自己所期待的樣子，並且把彼此累個半死，不如有時就坐下來，**欣賞孩子用他的方式做事、用他的特質與這個世界互動**，我們很可能會看到過去從未注意的驚喜（按：關於孩子的特質，請參考第一二六頁）。

很多時候，我們把原則看得太過理所當然，卻忘記了我們所認定的這些原則是怎麼來的。其實，這跟我們自己成長的經驗有很大的關係。（按：關於父母的價值觀和信念，請參考第一八七頁）

放鬆「必須」、「一定」，試著問問自己：「如果沒有這樣，會發生什麼事情？」或許你會發現那些不可動搖的規矩，原來其實也沒那麼必要，例如：

- 一定要每週大掃除嗎？↓每天做一點好像也不錯。
- 孩子一定要規律作息嗎？↓咦，放手讓孩子依照自己的需要吃、睡，結果發現他也有自己的規律。

此時，生活的彈性，和彼此的空間就出現了，有一種終於又能大口呼吸的感覺呢！對自己、對家人，也適用這樣的策略，態度開放、保持彈性，找到自己可以放鬆跟不能放鬆的底線，你會發現最快樂的是自己呢！

你也可以做到的正向教養對話練習

因為學齡前的孩子，大多還沒有時間觀念，當孩子慢吞吞，建議可以試著用以下方式：

● 列出固定行程清單

孩子的慢動作，在一天中的哪個時刻，造成最大的困擾？根據經驗，最常見的是**早晨時刻**，其次是**睡前**。

跟孩子一起討論，把那個「非常時刻」中需要做的事情列出來，做成清單，張貼在顯眼的地方。透過視覺化的方式，鼓勵孩子練習自行檢核、自我提醒（格式請見下頁圖1-5）。

行程清單小祕訣：

1. 清單項目不超過五項。
2. 對於學齡前的孩子，可用圖示替代文字。
3. 完成項目後，讓孩子自己打勾勾、貼點點，以提升孩子的參與動機。

圖 1-5　行程清單範例

範例：瓜瓜小超人睡前檢查表

□刷好牙

□換好睡衣

□上過廁所

□準備好明天要用的書包和衣服

□挑好一本書，在床上等爸媽

・可用圖畫替代文字，配合打勾勾等方式，提升孩子的參與感。
・定期更換項目內容。

4. 清單要定時變換，才不會失去新鮮感，或是變得不符合需求。

● 用水果、動物、汽車，溝通時間更具體

雖然時間概念很抽象，但時鐘卻是很具象的東西，因此可以帶著孩子認識指針式時鐘，觀察看看不同指針的移動速度，讓孩子對「指針在走」這件事有概念。

接著，我們也可以挑選或在原有的鐘面上加工，讓每個數字的位置呈現孩子熟悉的圖案。例如：水果、動物、汽車。之後，就可以用這些圖案來跟孩子溝通時間。

「等一下長針**走到老虎的位置**，就要**把電視關掉**囉！」

「你試試看能不能比時鐘更快，在**長針走到挖土機**之前就**完成刷牙**？」

● 你真的，不用每件事都要管

如果每件事都要在後面盯著，父母很快就會累翻，孩子也會受不了這種緊迫盯人的態度，彼此關係變得劍拔弩張可就得不償失了。

可以挑出最重要的幾件事情，或是鎖定特定時段作為一天的重點項目。

例如：早晨時光、寫作業、用餐時刻等。在這些特定項目上，幫助孩子學會掌握

時間、加快速度，**其他時候則保留給孩子**用他的步調來做事，讓彼此都有喘息時刻。

POINT

用數字和圖案，幫助孩子理解時間概念。

× 「九點不上床睡覺，你明天爬不起來喔！」

○ 「等一下長針走到老虎的位置，就要把電視關掉囉！」

CASE 6

「為什麼別人可以？我不要當妳的小孩！」

媽媽去接木木放學時，大老遠就聽到木木喊著「媽媽！媽媽」。原以為是發生了什麼大事，想不到是木木吵著要買新的戰鬥陀螺。

媽媽態度平和的提醒木木：「只有在生日、聖誕節和過年的時候，可以挑玩具，平時要買的話，就要自己存錢。」

木木聽了生氣極了，滿腹委屈的嘟著嘴，眼淚都快掉下來了。木木大聲的說：「妳是世界上最壞的媽媽！都不給我買玩具！胖胖和小瓜他們都有，就只有我沒有！而且，他們都可以看電視，還可以到朋友家玩、可以吃巧克力，只有妳不答應！我不要當妳的小孩，我要跟小瓜一樣當王媽媽的小孩！」

媽媽聽了覺得好心酸，平時為了孩子著想而設下的規定，怎麼變成了破壞親子關係的導火線呢？到底該怎麼取捨，才能讓孩子學會關鍵的能力，又不會讓他不開心呢？

6. 先想想，孩子從別人家中到底看到什麼？

聽到孩子這麼說，真的很難不傷心。想到平常在教養上費盡心力、隨時掛心著怎麼樣對孩子更好，被孩子這樣一說，就好像自己沒有盡責做好父母一樣。在這邊，我們先來談一談孩子為什麼會這樣說？

無論大人還是孩子，**當我們的大腦被情緒淹沒時，是沒有辦法理性思考的**，所以會說出很多不經大腦思考的話，就好像孩子說「我不要當你的小孩了！」、「你是世界上最壞的媽媽／爸爸」等話。

雖然我們不需要太糾結這些話的意思，但是要試著去了解孩子話語背後的訊息：**孩子從別人家的規定中看到了什麼？覺得自己的匱乏是什麼？而他又想要什麼？**

很可能，孩子傳達的是「媽媽，我好想要」、「爸爸，我好羨慕」、「我不知道怎麼處理現在的情緒」、「我覺得你們一直限制我／不答應我的要求，是不是不愛我？」、「買東西給我代表你們愛我，我要更多愛」仔細的抽絲剝繭、跟孩子討論，

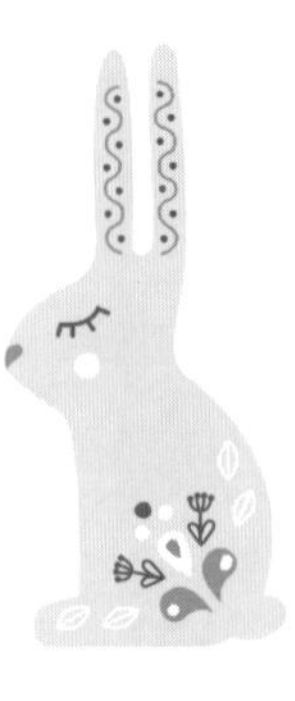

才不會錯過孩子的訊息。

在控制小孩之前，先想想：你是否只想快速解決問題？

帶養孩子的日子裡，彷彿就是不斷解決各種瑣碎任務：賴床、吵架、鬧脾氣……孩子讓我們筋疲力盡，因而只想快速解決問題，好讓生活順利進行。

我們面對孩子這些問題所產生的期待，例如：讓孩子停止哭泣、不要爬上桌子、不要一直看電視、不要亂跑、吃飯吃快一點、更聽話一點。如下頁圖1-6所示，這些「趕快改善行為的期待」我們稱為「短期目標」，更貼切的名稱是「立即目標」，指的是大人在採用這些處理方式時，期待的是立即獲得成效。畢竟「吃快一點」、「走慢一點」、「聽話一點」——對父母來說，生活如此忙碌，這些「一點」，就可以省很多力氣。

也因為如此，在過去的教養方式中，**經常透過恫嚇、敷衍、轉移等方式來達成目的，因為這些方式通常可立即收效——停止孩子的行為**，或是讓孩子配合我們的期待。

然而，親子關係也是在這些日常生活中一點一滴建構起來的，而恫嚇、敷衍、轉移，傳達給孩子的訊息卻會變成：你要怕我、我是可怕的、你是不重要的、我更在乎

圖 1-6　教養目標的類型

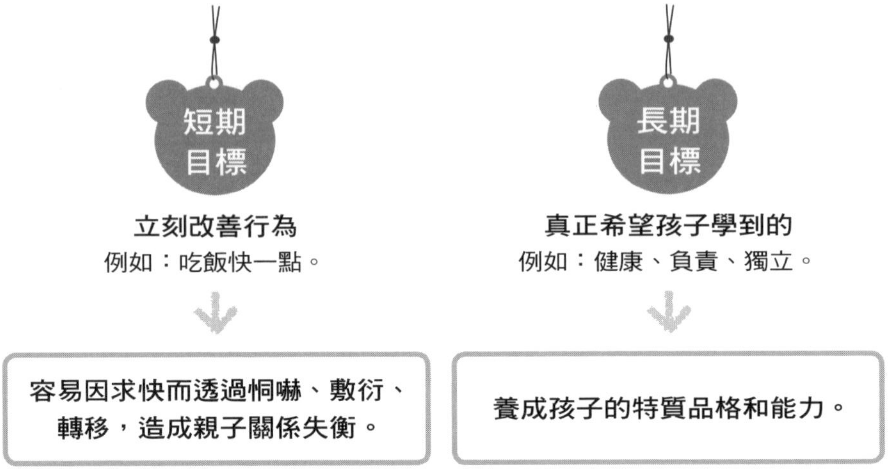
短期目標
立刻改善行為
例如：吃飯快一點。
容易因求快而透過恫嚇、敷衍、轉移，造成親子關係失衡。
長期目標
真正希望孩子學到的
例如：健康、負責、獨立。
養成孩子的特質品格和能力。

其他事情、你的感受不重要、你的狀態我不在乎。

這樣一想，是不是覺得有些嚇人？

請先暫停一下。請閉上眼睛，想像孩子成年了，你眼前浮現的是一個怎麼樣的年輕人？你希望他長成什麼樣的大人？有哪些特質與能力？跟我們的關係如何？

你可能有各種想像，例如自信自愛、在乎並能尊重他人感受、有能力分辨對錯、跟家人關係緊密、不畏艱難樂於挑戰、有獨立思考的能力、善於解決問題、有良好的溝通能力等。

這時，請睜開眼睛，回到跟孩子相處的此刻。

這些浮現出來的**特質品格與能力**，

就是我們在**教養上的「長期目標」**。

若我們期待孩子在長大後擁有這些特質與能力，就需要在孩子的每一個問題事件當下，留意怎麼處理：每當我們願意多花一點心力去引導孩子，孩子就能往長期目標更貼近一些。相反的，若我們著重於速效遏止，那麼賠上的，也就是這些機會了。

你也可以做到的正向教養對話練習

面對孩子因為我們的設限而生氣、出口傷人，我們可以怎麼做呢？

不用情緒回應情緒

聽到孩子說不想當自己的小孩，我們會很直覺的想要保護自己受傷的心，所以容易不假思索出現反擊。

例如：「你這麼喜歡別人的父母，你就去啊！反正你那麼皮，沒有你我更輕鬆！」這種時候的反擊，對彼此的關係會有很大的殺傷力。

當我們發現自己很受傷，可以先停下來，**好好接納自己受傷的感覺**，想一想自己現在需要什麼？讓自己的情緒被安撫了，再回頭去回應孩子。

● 同理孩子「想要」的感覺

當我們回到理性大腦後，可以看穿孩子話語的表象，同理他「想要」的感覺：「我知道你這樣說，是因為你很想要買戰鬥陀螺，但是我說不行，所以你很生氣、覺得我不在乎你」**當孩子的本意被理解了，對話的空間才會出現**。

了解了孩子的期待之後，並不代表我們就需要妥協，而是可以開始試著聚焦：孩子很想要，那還有什麼解決方法呢？

POINT

接納自己的情緒。

✕「你這麼喜歡別人的父母，你就去啊！反正你那麼皮，沒有你我更輕鬆！」

○ 先接納自己受傷的感覺，讓自己的情緒被安撫了，再回頭去回應孩子。

第二章

不爆氣的親子對話練習

CASE 7

不收玩具

五歲的丁丁正舒服的躺在沙發上看電視，看得正投入時，耳邊傳來媽媽的叨唸…：「丁丁，你玩具又忘記收了！整個房間一團亂，趕快去收一收！」

媽媽唸完，連爸爸也加碼：「而且你是今天的擦桌子小幫手，你忘記了嗎？趕快來把桌子擦一擦！」

丁丁聽在耳裡，屁股卻一動也不動，嘟著嘴心不在焉的回應爸媽：「好啦！等一下！」

爸爸聽了非常生氣，拿起遙控器就把電視給關了，惹來丁丁暴跳如雷，大聲的說：「我就是不想收嘛！為什麼一定要收玩具，還要做家事？」話才說完，他就拿一本書躲到房間去。

爸媽看著怎麼樣都不願意去收玩具的丁丁，真的是無奈極了，之前罵也罵了，獎賞也給過了，為什麼丁丁就是這麼排斥收拾玩具、做家事呢？

7. 孩子做得好棒棒？小心他過度依賴獎勵

讓孩子有機會參與家事，對他們來說是非常重要的學習經驗。透過家事，孩子可以培養的能力非常多，諸如：粗、細動作能力、問題解決能力、計畫能力、時間觀念、責任感等，但是家長卻常在這類事情上面，與孩子陷入拉鋸戰，是什麼原因呢？

首先，我們需要先檢視自己的要求，是否超過了孩子的能力——**孩子是不願意做，還是做不到**？

有些對成人來說很容易的事情，對孩子來說卻很複雜，以收拾玩具為例，孩子知道櫃子如何開關嗎？孩子已經有分類的能力了嗎？孩子知道東西要收到哪裡嗎？孩子有力氣拆解或歸位嗎？

此外，還可能有一些**心理關卡**，例如：孩子不願意收拾，是否因為他還想玩、捨不得拆？孩子是不是誤解了大人要求的收拾程度，所以覺得太困難？孩子是不是覺得不公平、有委屈？

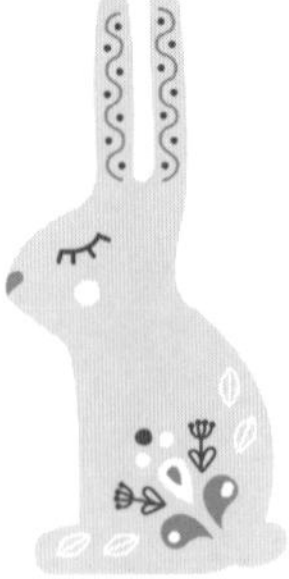

另一方面，我們也要檢視自己在收拾、家事上，給孩子建立的觀念：孩子怎麼解讀「收拾／家事」這件事？是一種幫忙，還是規定或懲罰？孩子是否能理解這是自己應該要做的事？孩子對事件的解讀，會大大影響其動機喔！

獎勵、稱讚，反而讓孩子害怕失敗

現在已經有許多家長不用打罵的方式逼孩子，但是又希望孩子好好配合，於是會使用「獎勵」的方式，**最簡單的獎勵就是條件交換**——你做到某件事情，我就給你某個東西。

例如：「你考一百分，我就送你搖控車」、「你乖乖吃飯，我才給你看電視」），複雜一點的還有「集點制度」，也就是制定好可以獲得點數的行為表現，孩子集點之後就可以換取獎項。

獎勵是一個很好用的方法，因為它可以很快速的誘發行為，在**剛開始改變孩子行為時很有效**。但是，它最大的危險就在於，會把孩子做一件事情的動機，由「內在」轉向「外在」，也就是把控制權給交出去。一旦誘因消失，行為就會跟著消失（見下頁圖 2-1：關於動機的說明，請參考第七十八頁）。而且，親子之間也常為了「哪些事

圖 2-1　獎勵的優缺點

獎勵

條件交換，例如：集點制度。

你考100分，我就送你遙控車。

你乖乖吃飯，我就給你看電視。

○ **快速改變孩子行為**

✕ **動機外化、誘因消失，孩子就失去意願**

情可以獲得獎勵」、「某件事情值多少獎勵」而引發爭執。

此外，用獎勵的方式，**無法讓孩子學會「為什麼」**，例如：刷牙、整理書包、練琴都可以獲得點數，孩子會樂意去做，但是我們為什麼要刷牙？為什麼要整理書包？為什麼要練琴？幫助孩子理解這樣做的目的，其實才是教養的價值所在。

那麼，既然獎勵不太理想，改用「稱讚」好不好？

稱讚指的是**口頭評價**，像是「你真是聽話的乖小孩」、「你好聰明，知道要這樣做」、「我真以你為榮」，這聽起來好像也是個不錯的方法。

但其實，這樣的稱讚也蘊藏很多危險。因為，這代表著孩子的行為好或不好，是仰賴大人來打分數。即使我們具體說明了孩子哪裡做得好，例如「你寫功課很認真，好棒」，孩子滿足的仍是大人的標準、取悅的是大人的感受，而不是自己從嘗試過程中體驗到愉快、正向的感受。久而久之，孩子會**失去自我肯定的能力，需要仰賴大人的回應**來確認「我是很棒的小孩」。

大家有遇過每做一件事情就要呼喚大人來看、討稱讚的孩子嗎？

想一想，當身邊沒有人幫他拍拍手時，他該怎麼辦呢？此外，根據研究顯示，若孩子的自我價值建立在他人的正向評價，還會造成孩子為了維持良好的自我感受，而變得害怕失敗、不敢嘗試；或是一旦輸了、錯了就矢口否認，甚至說謊。

鼓勵，讓孩子自動自發

既然獎勵、稱讚都不理想，那要怎麼提升孩子的行為表現？怎麼讓孩子知道他的表現很棒？我們可以試試看「鼓勵」。

在正向教養中，非常推薦大家使用「鼓勵」的方式，因為鼓勵**著重的是孩子完成一件事的歷程、過程中付出的努力，以及他個人的收穫或成就，而不是由父母來判斷**。這會讓孩子更有內在動機去面對生活中的挑戰，並嘗試學習新事物。

為什麼這對孩子很重要呢？在說明之前，我們先來認識「動機」這個概念。

「動機」指的是促使我們願意去做某件事情的動力，例如：為了消除飢餓感而進食、為了避免蛀牙而刷牙、為了喜歡山林之美而登山，當然還有為了賺錢而工作。

動機分為內在與外在，內在代表由內心出發的動力，最常見的就是成就感；其次還有歸屬感，也就是為了某個自己所在乎的人，或者家庭、班級等群體而去付出心力。另外，還有自我價值感，例如「我是有能力的人」、「我是個不錯的人」。最後則是單純的愉悅感，也就是做這件事情時，我們可以獲得正向的感受，像是放鬆、舒服的感覺。

相對的，外在動機，指的則是環境中存在的誘因。例如：金錢和物質，以及我們對孩子使用的點數、貼紙等。不過，內在與外在動機是可能互相影響的，例如：有些人可能會透過「賺很多錢」來證明自己，此時追求收入的動機就變成內在的。

了解動機以後，我們就可以發現：**「獎勵」與「稱讚」，用的是「外在動機」**來促使孩子做某件事，而**「鼓勵」則誘發了孩子的內在動機**，讓孩子更能為了自己做出選擇，而且無論成功或失敗，仍會覺得自己是個有價值的人。詳細差異，請見下頁的比較表2-1。

但「鼓勵」說來容易，在生活中該怎麼做呢？

其實只要留心孩子的行為就可以了。

鼓勵有三種形式：**敘述事件、感謝付出、給予期許**。最簡單的鼓勵方式，就是「描述孩子的行為」，像是「我注意到你剛剛很小心的拿杯子！」這就能讓孩子感覺到我們的關注和肯定。

其次，感謝孩子的付出、肯定孩子付出的價值，也是很好的方式。例如：「謝謝你幫忙把碗盤都收好了」、「有你當小幫手陪妹妹玩，真的太好了！」

除此之外，就算在遭遇挫折時，我們還是可以使用鼓勵的方式，幫助孩子找到過程中的意義。例如：「這次比賽雖然輸了，但是我注意到你跟隊友的配合越來越有默契了！」、「雖然打翻了，但是你想要幫忙媽媽，媽媽還是很感動。」在這樣的挫折

表 2-1　獎勵、稱讚、鼓勵，哪裡不一樣？

教養方式	具體內容	效果	影響
獎勵	透過條件交換、集點制度，讓孩子配合。	能快速改變孩子的行為。	・削弱孩子的內在動機。 ・當誘因消失，行為就會消失，亦無法讓孩子學會「為什麼」。
稱讚	由父母打分數、給評價。	孩子受到肯定，有愉快的感受。	・孩子無法享受到完成一件事的成就感。 ・過度仰賴大人的評價，容易使孩子失去自我肯定的能力。 ・容易因為害怕失敗，而不敢嘗試或面對挑戰。
鼓勵	指述行為，感謝付出並給予期許。	・誘發內在動機，孩子會為了自己做出選擇。 ・無論孩子成功或失敗，仍會覺得自己是個有價值的人。	・感受到父母的關注和肯定，就算遭遇挫折也能勇敢面對。

時刻，鼓勵的語言特別溫暖呢！

至於給予期許，則是讓孩子感覺到對他們的信心，例如：「你這麼努力練習，我很有信心你會一直突破自己的！」這樣的信任與支持，在孩子面對重大挑戰時，常常能帶來很大的力量。

你也可以做到的正向教養對話練習

要怎麼建立孩子對於收拾、家務等事情的責任感呢？可以這樣做：

● 把要求變成遊戲，給予鼓勵

做家事不一定要很制式化，我們可以試著讓這件事情變好玩。例如，跟孩子比賽誰找到最多樂高積木、看誰先把負責區域的玩具全部收回來、猜拳決定誰先選負責收的玩具種類等，都是好方法。當然，完成後，也別忘了肯定孩子的付出喔！

如果原本採用的是集點制度，也不須突然取消，以免孩子覺得錯愕。可以逐步把獎項轉換成孩子喜歡從事的活動，像是一起吃下午茶、打球、去公園玩、邀朋友來家裡等。當孩子對做家事逐漸有了動機以後，再慢慢取消之前的獎勵形式即可。

● 拆成小步驟，逐步建立能力，創造成就感

要避免孩子因為自己做不到而放棄的情形，我們可以把事情拆成小步驟，或是簡化目標。

例如，把收玩具拆成「玩具拿給媽媽／爸爸」、「玩具通通丟到大箱子」、「挑出樂高積木」、「分類不同的玩具」、「分別收到各自的桶子」、「分別把桶子歸位」等許多步驟。從簡單的步驟開始練習，並且在孩子成功後給予鼓勵；等孩子熟練之後再挑戰下一個步驟，孩子將會發現這件事沒那麼難。

● 溫和而堅定，情感和原則都要關注

有時孩子就是會抗拒、不想做，此時我們可以思考他不想做的原因，表達我們的理解，並和孩子一起思考該怎麼完成，或者適度的調整要求。例如：「我知道你做了好大的城堡不想拆掉，那你選一個不會影響到大家走路的地方來放城堡，然後我們一起把旁邊的玩具收好。」孩子被理解之後，通常是

▲ 巧妙運用孩子喜歡「遊戲」的心理，讓孩子練習收玩具或做家事。

很願意配合的。

POINT

用鼓勵，取代獎勵、稱讚。

× 「你寫功課很認真，很棒喔！」

○ 「我發現你今天寫功課好細心，而且一邊寫、一邊唱歌，好像很開心呢！」（敘述，非評價）

CASE 8

沉迷於手機／3C

候診的時候，小鹿跟媽媽起了爭執，因為他執意要玩手機遊戲，但媽媽說他今天已經玩太久了，不能再玩了。小鹿非常生氣，在候診區又吵又鬧，還踢了椅子，讓媽媽非常生氣。

小鹿現在就讀大班，但是還沒有上幼兒園，他就已經知道怎麼用爸媽的手機開啟APP、點出想要看的影片；到了中班，小路已經會玩好幾款遊戲，還無師自通發現了遊戲中的許多功能。

起初爸媽不以為意，有時忙著做家事，能有事情讓孩子安靜、不來搗蛋也不錯，偶爾還會語帶得意的跟親友提起小鹿對3C產品很有天分。

不過，最近爸媽開始覺得小鹿用手機的狀況越來越誇張了，吃飯等上菜、外出排隊、寫完功課、假日剛起床，幾乎都離不開手機，而且只要一被限制，就會引起小鹿的強力反彈，讓爸媽好煎熬。

8. 規定，不是大人自己說了算

3C產品的使用可以說是目前所有家長一致的困擾。目前的研究大多告訴我們，年幼的孩子接觸3C產品會在許多方面帶來負向的影響，因此並不建議讓年幼的孩子長時間接觸3C產品。

但是，為什麼許多孩子會這麼著迷於3C產品呢？

第一個原因是：太無聊了！孩子們的腦子裡沒有概念：如果不使用3C產品，在無聊時該怎麼辦、可以做些什麼？

這不是因為他們不動腦、偷懶、沒有自制力，而是**因為他們現在的生活中，沒有機會練習「怎麼運用空白時間」**。

在現在孩子的成長環境中，普遍失去了我們小時候在「前3C時代」空白時間看書、畫畫、跟手足打鬧、玩隨身帶著的小玩具的機會，他們或者生活被排滿行程，或者沒有手足，又或者抬頭看見的大人自己也埋首於手機；更有可能是，有時大人也希望他們乖乖看手機平板不要吵，這都會讓他們很習慣在無聊時仰賴3C產品打發時間。

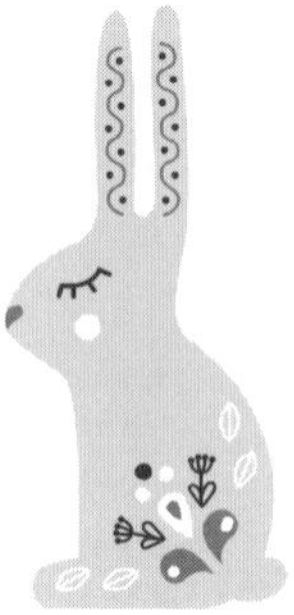

圖 2-2　孩童使用 3C 的時間限制建議

1 歲半以前	盡量避免使用視訊通話以外的 3C 產品。
1 歲半至 2 歲	須由大人陪同使用 3C 產品。
2 歲至 5 歲	每天使用螢幕時間不超過一小時。
6 歲以上	仍須限制螢幕使用時間，以確保戶外活動或睡眠時間。

引用來源：2016年美國兒科醫學會建議。

另外，有些孩子之所以會沉迷於手機或電腦遊戲，可能是受到同儕的影響。當班上大家都在玩某款遊戲、看某部卡通，孩子很難不接觸到相關資訊，而且孩子們也不喜歡格格不入、搭不上話的感覺。**隨著孩子年紀增加，這種仿效同儕的情形會越來越顯著**。

除了前面兩個因素，3C產品本身的聲光特性，會快速攫取大腦的注意力，而遊戲本身的設計也運用了很多心理學的策略，都會讓使用的人（無論大人小孩）很容易沉迷於其中。

因此，在提供3C產品給孩子時，我們一定要很「有意識」，知道自己提供給孩子的原因、原則、時間限制（見上方圖2-2），並事先向孩子說明。此外，也要**避**

免以「獎勵」的方式提供3C產品給孩子使用，才不會更放大了孩子內心對3C產品的依賴。

相信孩子有討論的能力

在回應家長的提問時，我們很常跟家長建議：「跟孩子討論吧！」卻經常引來家長的疑慮：「孩子才幾歲，跟他討論什麼？」、「這樣還需要大人教嗎？」、「照他意見，豈不就是玩電動玩到飽、永遠不寫功課！」

但是事實上，跟孩子討論，並不需要等孩子長大，因為不到一歲的孩子就已經會搖頭表達反對、不到兩歲的孩子就已經能自己做出選擇。

一般而言，孩子大約兩歲，就能理解許多事情的前因後果；**三歲左右的孩子**，就能進行基礎的**邏輯討論**，而**四歲以上的孩子已經逐漸脫離「自我中心期」**，**開始能納入其他人的感受和意見來做決定**（見下頁表2-2）。因此，家長要做的第一個準備，就是要相信孩子的能力，好好與孩子討論。

要跟孩子討論，成功的關鍵在於，父母必須扭轉過去「我說了算、你乖乖配合」的做法，讓家中每個成員都有機會把意見講出來；**不批評**、**不否定**、**不攻擊**，孩子的

表 2-2　孩子的理解能力

年齡	理解能力
1 歲	搖頭表達反對。
2 歲	了解事情的前因後果，選擇自己要的選項。
3 歲	可進行基礎的邏輯討論。
4 歲以上	脫離自我中心期，開始納入他人的感受和意見來做決定。

意見被慎重看待、持平討論（但不等於一定被接受），他們才會有信心與意願提出想法，我們也就有機會去了解、釐清，也有機會更貼近孩子的內心。

直接跟孩子討論，有什麼好處呢？

事實上，這是正向教養中「尊重彼此」的真正展現。透過這樣的討論機會，孩子和每一位家人都能感受到自己是被重視的、是這個家庭的一分子，這讓彼此都能夠自重、自信。當一個人被尊重了、被認真看待了，也會更傾向展現出最好的一面，那就是內在動機發酵的時刻。

此外，從這樣的過程中，孩子還可以學會如何理性表達自己的意見，而非訴諸情緒控制的手段，像是大吼大叫、要脅、故意挑戰大人底線等，也更有機會去學習聆聽他人的想法，並實際練習說服的技巧，或是學習妥協。而這些都是孩子未來面對人際關係很關鍵的能力。

你也可以做到的正向教養對話練習

面對孩子著迷於３Ｃ產品，可以試試下述做法：

- **準備「殺時間法寶」，家長自己也要放下３Ｃ**

許多孩子是因為不知道還能做什麼，所以常在需要等待的時候，向大人要求使用３Ｃ產品。若觀察到這個狀況，我們可以陪孩子想一想：很無聊的時候，可以做些什麼？畫畫、成語接龍、猜謎、玩撲克牌、著色本、益智遊戲、尋找路上的招牌，或是帶著幾樣喜歡的玩具，都是值得一試的。最重要的是，大人自己也要放下手上的３Ｃ產品，才能跟孩子一起練習不被３Ｃ綁架。

- **聽聽孩子「著迷」的原因，而不是由大人硬性規定**

第二個方法，是先了解孩子著迷的原因，並表達我們的理解，以討論出彼此都同意的使用約定。這個方法要有效，關鍵在於大人**願意放下「規定」的角色，好好傾聽孩子的需求和期待**，並且隨時檢視約定、必要時做出調整。

3C產品帶來的諸多問題之一，是沉迷的使用者會失去與他人的真實連結。與其直接禁止，而造成孩子的反彈和親子關係的緊繃，不如試著加入孩子的行列，看看他們在玩什麼、在看什麼，與孩子擁有共同話題、創造新的親子連結。若發現不恰當的內容，也能及時修正或改善。

POINT

用討論的方式，和孩子達成共識。

✕ 我說了算、你乖乖配合。

〇 不批評、不否定、不攻擊，和孩子達成共識。

CASE 9

玩遊戲，輸不起

毛毛的足球隊週六要舉辦友誼賽，他一向踢得很好，所以教練鼓勵他擔任主要球員，可是毛毛卻一直拒絕。大人好說歹說，他還是不要，還發了一頓脾氣，讓大人都很錯愕。

媽媽花費了一番工夫才問出原因：他不想要輸球，可是教練說對手跟他們旗鼓相當，勝負很難說，所以他不想去踢球，以免輸了很丟臉。

這讓媽媽想起，毛毛平常很喜歡玩桌遊或撲克牌，也很會玩、常常獲勝，可是每次只要快輸了，他就會耍賴要別人讓他；或是突然說自己肚子餓、想上廁所等，不把遊戲玩完。若真的躲不過落敗，最後就會以大哭收場。

因為家裡就他一個孩子，父母也不以為意，大多讓著他，但經過這次踢球的事情，媽媽突然發現毛毛好像真的很難接受「輸」這件事。

9. 贏或輸，孩子從你的反應「學」

孩子為什麼會這麼怕輸？一來是學齡前的孩子，思考的能力還有限，對於事物會傾向用「非黑即白」的方式來理解，像是「**好／不好**」、「**喜歡／討厭**」、「**輸／贏**」等。

在孩子的成長經驗中，例如：孩子成功邁步、把積木拼上、畫出某個東西的時候，大人常常會不由自主的大力喝采，或是在孩子失敗時流露可惜的神色。透過大人的這些反應，孩子會逐漸形成一個概念：贏、成功就是好、很棒；相反的，輸、失敗就是不好、很糟糕。

其次，學齡前的孩子也正在**建立起自我概念**，也就是「**我是一個怎麼樣的人？**」孩子會從其他人的反應中，慢慢建立起「我是有能力的／很棒的／可愛的／被喜愛的／聰明的／不會畫畫的／胖胖的／粗心大意的」，這些評價會慢慢堆砌成孩子對自己的認識。

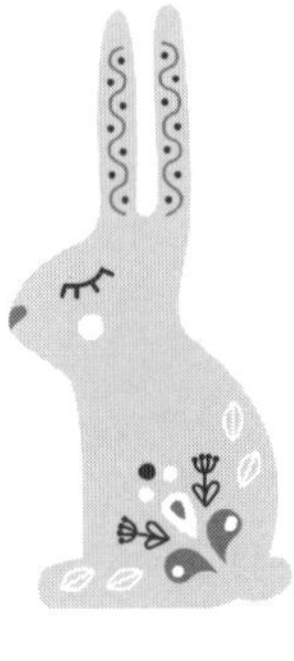

也因此，這個階段的孩子，如果已經**把「輸」跟「不好的」兩者連在一起**，那麼他們**自然會想要避免輸**、**避免失敗**，避免成為別人眼中不好的小孩。

以學習取代處罰，不用天天跟孩子過招

孩子在成長的過程中，其實會累積很多的失敗經驗，想一想孩子失誤多少次，才能學會把食物放進嘴裡？跌過多少次，才能夠站立、放手，以及邁步？在這些經驗中，他們其實不曾對失敗抱有負向的解讀，總是一試再試，因為**孩子天生知道：失敗，代表著「我下一次會做得更好」**。

那麼，到底孩子為什麼會變得畏懼失敗？可能是因為被我們責怪，也可能是一句玩笑話，或是過度欣喜的反應，讓他們逐漸以為，只有完美、成功、勝利，才是好孩子、乖孩子、大人心中喜愛的孩子，於是開始害怕挫折。

此外，許多大人在自己犯錯時，會因為拉不下臉來承認或道歉，而去否認、找藉口，或是要求孩子不能提及，這也都會讓孩子學到——錯誤是糟糕的、痛苦的、要極力避免的。

然而，任何人都有可能犯錯。

當孩子出錯、搞砸事情、表現不理想時，我們都是怎麼處理的呢？

比方說，面對孩子拖拖拉拉、不收拾玩具、跟手足吵架時，許多父母會直接思考：「我要怎麼懲罰，以杜絕下次再犯」，所以會訂出很多規矩，像是「十點以前沒有上床，就不能聽故事」、「沒有收拾好玩具，就全部丟掉」、「跟手足吵架就去罰站」。這中間的思維，是讓孩子知錯、會怕，並透過這樣的方式讓孩子記取經驗，避免重蹈覆徹。

可是一旦這麼做，我們就會發現**「規定」永遠不夠周延，孩子永遠有更多你沒料到的招式**，只好一再加上更多條件和但書，來防堵孩子鑽漏洞，最終讓自己身心俱疲。

其實，與其想著「怎麼處罰，孩子才會記得」，有一個更好的方式，就是去思考**「怎麼學習，孩子才會記得」**。

每一次的錯誤，其實都是一扇窗口，讓我們看到孩子（跟我們自己）還有哪些不足之處、還有哪些可以更好的地方。例如，當孩子拖拖拉拉，是缺乏時間觀念？缺乏規畫能力？有些事情太困難了？無法中止手上的事情？還是對父母有些情緒，而不願意配合？

若以走路不小心灑出了牛奶為例，孩子因犯錯被大人責備之後，他只會感受到難過、自責或氣憤，並無法了解自己的問題點。而我們的目的其實是要讓孩子學會做事的方式，可是這樣的責罵，卻只讓孩子感受到關係的破裂和情感上的不舒服。

因此，唯有帶著孩子回顧事情的經過——發現問題，他才會發現原來牛奶不要裝太滿、原來走路時要注意看著牛奶而不是只看著前方、原來可以一邊出聲請家人留意借過。當他學會了方法，下一次自然就知道該怎麼做。

允許孩子犯錯、允許孩子失敗，**把目光放在解決問題、放在如何從中汲取經驗，失敗，就成了最珍貴的機會。**

你也可以做到的正向教養對話練習

如果孩子已經開始會逃避、抗拒輸這件事，我們該怎麼做呢？

● 不用結果做評價

孩子會將「輸」與「不好」劃上等號，大多與大人的回應方式有關。要扭轉這種連結，我們可以試著避免用結果來做評價。大家可參考前文提到的「鼓勵」方法（第七十八頁），試試看這些語句：「哇！你這次很用心準備，**為自己**爭取了很棒的成績」、「我注意到你這次特別細心」來強化過程和努力、淡化只論輸贏的價值觀。

● 由父母示範「輸家的態度」

除了給予孩子回應之外，更好的教養方式，就是**讓孩子實際看到父母怎麼做**。在家庭時間中，我們可以利用一些類似競賽的活動，像是一起玩桌遊或撲克牌、成語或英文單字接龍等；甚至，也可以跟孩子比賽誰先跑到終點。當我們落敗了，就可以示範給孩子看：「輸了很可惜，但我下次可以再試一試」的精神。

如同前面提到的，孩子很容易把輸視為負向的，我們也可以試著扭轉這樣的連結，讓孩子知道輸的感覺雖然不好，會傷心、會失望，有時也會有一點生氣，但是輸了也是一種珍貴的經驗，等到情緒過了，我們可以找一找原因在哪裡，下次就會變得更厲害。

POINT

示範輸家的態度，把失敗當作成長。

✕「輸就輸了，誰叫你不認真練習。」

○「這次輸了，你一定很失望吧，但我有注意到你的技巧又更進步了。」

CASE 10

黏人精

小泉是有名的「黏人精」，到哪裡都要緊緊黏著爸媽，每次親戚聚會，大家總愛開他玩笑：「小泉啊，你爸爸說要把你送給我，讓我帶去賣掉！」小泉聽到總是一秒變臉、兩秒掉淚，親戚卻樂此不疲。

大家會這樣說，是因為小泉實在太黏人，都已經快四歲了，卻仍是一步也沒辦法離開爸媽。某個週末，爸媽要外出，請奶奶照顧他，小泉卻在爸媽出門後就默默掉眼淚、什麼事情都不想做，直到爸媽回來。到陌生的地方更不用說，小泉總是緊緊抓著爸媽、躲在他們身後。爸媽幫他報名的幼兒課程，無論是音樂、體能，還是昆蟲觀察，沒有爸媽陪同就無法參與。就算爸媽在教室後方，小泉也會頻頻回頭確認他們沒有偷跑。

小時候，爸媽覺得小泉這麼黏人很可愛、很甜蜜，但是長大了以後，卻讓爸媽好困擾。

10. 分離焦慮的主要起因：依附關係

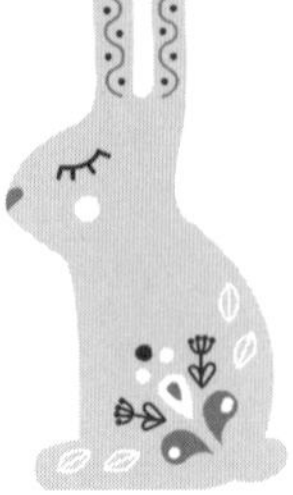

孩子很黏人、沒辦法離開照顧者的狀況，稱作「分離焦慮」。顧名思義，這是一種對於「分離」會感到焦慮的情形，經常發生在年幼的孩子身上。因為，他們不知道跟熟悉的大人分開之後會發生什麼事情、會不會就此失去他們，所以會很害怕、不願離開父母的身邊。

隨著年齡漸增，這種狀況會逐漸減緩。如果孩子一直到了四、五歲，還是極度抗拒跟主要照顧者分開，可能有以下幾個原因：第一，可能是**孩子的性格特質**，或稱氣質，過於退縮、適應能力較弱，因此在面對新環境時，比一般的孩子需要更長的時間才能適應。

其次，要留意的是，孩子是否曾經在與熟悉的大人分開之後，**遭遇了令他感到恐懼、害怕的事情**。尤其是孩子原本並沒有那麼排斥分離，後來卻突然變得很抗拒，或者對某個特定的情況特別抗拒。例如：突然抗拒上學、不願意跟某個親戚相處等，更要小心這種可能。

圖 2-3　分離焦慮的三大原因

分離焦慮

1. 孩子的性格特質較退縮、適應能力較弱。
2. 因遭遇了令他感到恐懼的事，而對特定的情況有所抗拒。
3. 對恐嚇性言語感到焦慮。

除了上述狀況，有時孩子也會**因為其他人的言語，而心生恐懼、對分離感到焦慮**起來。例如：「你再哭，媽媽就不來接你了」、「爸爸不要你了，要把你送給阿婆」（見上方圖2-3）。

即便是不具威脅性的話語，也可能為孩子帶來負向的影響。例如：「你是我從垃圾桶撿回來的」，有些孩子會解讀為自己並不受到大人的重視、可能會被拋棄，自然就會更黏人。

當孩子的需求被忽略……

在發展心理學中，有一個非常重要的概念，叫做「**依附關係**」，指的是孩子與重要照顧者之間建立起的一種情感連結；與這個對象在一起時，能夠帶來支持、安定的感受。更重要的是，這種關係也會延續到成人之後，並影響到與家人建立起親密關係的能力。

嬰兒剛出生時沒有獨立存活的能力，需要仰賴成人的照顧，這種**「照顧生理需求」的關係，就是建立依附關係的初始**。當嬰兒透過哭聲、動作等方式傳遞出了需求，而周遭的成人回應了這樣的需求，安心的感受就慢慢萌芽。甚至，兩個月大的小嬰兒，就已經能夠分辨出熟悉的照顧者。

到了六、七個月大以後，許多嬰兒漸漸會出現分離焦慮的表現，也就是當熟悉的照顧者要離開時會哭鬧不安。許多家長對於這個時期感到很困擾，因為很難脫身去做點其它的家事。但事實上，只要理解這是正常的發展歷程，持續的安撫、說明，隨著孩子大腦、認知、語言等各方面的發展，**在兩歲以前，多數的孩子都能理解「大人只是暫時離開，會重新出現的。」**

只要我們能夠正確回應孩子的需求，並且給予孩子情緒和心理上的支持、安撫，大都能形成「安全依附」。這是健康的依附關係，表示孩子能以大人為安全堡壘，也就是心理上的靠山、據點，向外探索不同環境、做一點冒險的事情，進而提升能力。

但是，若孩子在釋出需求後沒有被適時的回應，例如**肚子餓、害怕、憤怒時，反而被忽略、被譴責、被強迫**，那麼他們會覺得這個世界很危險，不知道能不能夠信任，而且會覺得自己是不被在乎、沒有價值的，以至於漸漸放棄與外界溝通；或是必須用扭曲的方式滿足內心的需求，例如傷害自己、傷害對方，或是用較強烈的方式表達情緒，以確保自己的需求能被回應。

你身邊也有難以信任他人、對外界帶著敵意，或是對人際關係較敏感的人嗎？不安全依附關係的影響，早在我們以為孩子還不解世事的嬰兒期就已經奠下基礎。

適當回應孩子的生理、心理需求，與孩子發展出安全的依附關係，才能協助孩子成為有自我價值、能夠信任與付出愛的成人。

心理學小技巧

● 依附關係

依附理論，最早源自於英國發展心理學家約翰．鮑比（John Bowlby），他在一九四〇年代指出：童年時期依附關係的好壞，會影響成年後的性格與人際互動。而後，一九七〇年，美國心理學家瑪麗．愛因斯沃斯（Ainsworth），將依附關係分成「安全」與「不安全」兩大類。

安全依附型，指的是即使孩子處在陌生環境中，只要媽媽在身邊就能自由的探索環境。

反之，當媽媽離開時，也有能力表達自我需求或不滿，並且樂於與人互動。

不安全依附型又分為以下三種：

- **矛盾型**

當媽媽離開時，孩子容易感到沮喪，但是當媽媽回到身旁時，卻又表示拒絕（推開媽媽）。這類型的孩子即使媽媽就在身旁，依然會感到焦慮。

- **逃避型**

對媽媽的離開或陌生人的出現，沒有任何情緒反應。但是，對媽媽的去而復返，反而會生氣。這類型的孩子易表現出退縮、孤立，也不易交到朋友。

- **混亂型**

結合「矛盾型」與「逃避型」的特性。孩子會依據媽媽及周遭環境的回應，來表現抵抗或迴避，因而沒有一致的反應方式。

你也可以做到的正向教養對話練習

對分離很焦慮的孩子，代表安全感不足，此時切忌狠心或忽略孩子的焦慮，而是要增加孩子的安全感。我們可以循序漸進的這樣做：

● 事前告訴孩子：事情會這樣發生

較缺乏安全感的孩子，常常一聽到爸媽要離開就會鬧情緒，於是很多人都會好心建議家長：「趕快趁他不注意偷偷離開，他沒看到你，哭一哭就好了！」但是事實上，孩子即使止住了淚水，卻止不住內心逐漸加深的不安，反而會變得更黏人，因為他們會擔心自己一個不注意，心愛的大人就再度消失。

讓孩子安心的關鍵就在於，**要讓他覺得事情的發生是可預期的、可掌控的**。因此，我們可以在事前明確的告訴孩子：「上學的時候，我可以陪你走到教室、跟你抱三下、等到長針走到五，然後再去上班」、「吃過午餐、睡完午覺，阿嬤就會來接你了喔！」。

最重要的是要**信守承諾**，**真的在約定好的時間出現**，搭配「設限」的堅定態度（請參考第四十頁），久而久之，孩子知道大人是可靠的，焦慮的狀況就會改善。

● 避免威脅恐嚇，話要這樣說

如同前面提到的，過度使用威脅語句，會加深孩子的不安，偏偏在我們成長的經驗中，這樣的說話方式無所不在，因此很容易不知不覺就說出來。以下介紹幾個常見NG句，一起來練習換句話說：

×「你再哭，媽媽就不來接你了！」

○「我們來試試看，讓哭哭比昨天少一點點，媽媽很快就會來接你了！」

×「你這麼壞，我不要你了！」

○「你主動把事情做好、沒有亂發脾氣的時候，我們好快就能完成事情！。」

×「這麼愛哭，送給警察當小孩好了！」

○「我知道你好生氣，等你好一點，我們一起來想一想有沒有別的方法。」

● 用「勇氣」、「思念」寶物，加強孩子的安心感

在孩子的信心不足的時候，建議可使用下述方法來增加安全感。

再保證：當孩子有需要時，反覆向他保證：「我非常非常愛你，絕對會來接你、不會把你丟下」。

勇氣寶物：小恐龍吊飾、勇氣咒語等，讓孩子隨時可以召喚出勇氣。

思念寶物：孩子主要依戀對象的物品。孩子在思念、害怕的時候，可以摸一摸媽媽的手帕、爸爸的照片、奶奶的手環等。

POINT

不偷溜、遵守對孩子的承諾，練習每一次的分離。

✕「你再哭，媽媽就不來接你了！」

○「我們來試試看，讓哭哭比昨天少一點點，媽媽很快就會來接你了！」

CASE 11

怕黑，膽子小

星星生日那天，全家人晚上一起吃蛋糕慶祝，媽媽說：「星星什麼都好，又乖又主動，如果晚上可以自己睡覺、不需要我們陪，那就更棒了！」

星星聽完，臉上的笑容有一點僵掉，因為這就是他現在最大的困擾。他也好想要跟弟弟一樣，一躺下去就呼呼大睡，可是偏偏每到晚上，他就覺得好害怕，總是擔心衣櫃裡面、床底下、窗戶外面，會有一些可怕的東西躲在那邊，所以他都要用棉被把全身包得緊緊的，只露出眼睛和鼻子。但是，包久了真的好熱，打開被子又覺得害怕，常常讓他不知道該如何是好。

有時候受不了，星星就會偷偷跑去找爸媽，跟他們一起睡，但是爸媽常常不答應，總是說：「哪有什麼東西躲在那邊！你太膽小了，多練習幾次就會習慣了啦！」

星星真的好討厭自己這麼膽小，該怎麼辦呢？

11. 陪孩子進行安全程序檢查

孩子為什麼會怕黑、怕鬼？如果去問幼兒園小孩的家長，大概會發現有一半的家長都曾為了這個問題苦惱過。

其實，這是非常正常的成長歷程。即將邁入學齡期的孩子，正在**歷經具體到抽象的思考能力轉換**，開始對於「看不見」的東西感到好奇、會胡思亂想，是屬於這個年紀的正常情形。一般而言，三到五歲幼兒可以依具體形象，掌握實際東西的概念；五至七歲開始擁有初步的抽象思維能力。

有一些因素會讓處在這個敏感時期的孩子，特別容易出現這種恐懼，其中之一就是管教時的威嚇話語。

有些大人習慣用恐嚇的方式來進行管教，會讓孩子比較容易出現畏懼的情形，例如：「你不乖會被壞人抓走喔」、「不好好刷牙，小心半夜會被妖怪拔光光」、「虎姑婆會來檢查你有沒有乖乖睡覺」等。

上述說法都會讓孩子處於驚恐之中，深怕自己一個不留意，就會被無處不在的邪

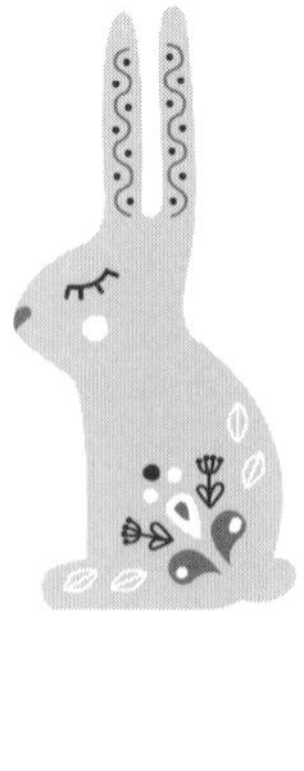

惡力量、壞東西給抓走或傷害，尤其這些威脅大多跟夜晚、黑暗有關，自然讓孩子特別害怕黑夜的到來。

除了來自大人的言行，有時孩子的恐懼則是來自於生活中聽到或看到的事情，像是同學說的鬼故事、跟著大人看的鬼片，或是萬聖節等節日扮鬼、鬼屋探險等，也都是孩子害怕的常見來源。尤其，若是個性比較細膩敏感的孩子，特別容易受到這些經驗的影響。

從大哭、撇頭，到想出方法，怎麼教？

在正向教養的概念中，有一個非常重要的處理原則，就是要「**理解孩子的發展程度**」，也就是我們必須知道，對於孩子來說，哪些事情是他現在做得到的、哪些是他做不到的。亦即，哪些是「不能」、哪些是「不為」，這樣才能給予孩子適當的輔助、逐步拓展其能力，而非賦予超出能力的期待，讓孩子有壓力。

學齡前是情緒發展的關鍵階段，在這短短的幾年中，孩子將學習到各種與情緒有關的能力。

如第一一三頁之表2-3所示，在出生的頭半年，孩子會開始展現與主要照顧者之間的關聯，並感受到彼此的情緒。接下來，孩子會開始能夠理解其他人所釋出的情緒訊號，例如語氣、笑容、皺眉等，自己的情緒也會因此而有所變化。同樣的，在一歲之前，孩子其實就已經開始發展基礎的情緒調節能力，例如會靠近喜歡的物品、躲避或退離害怕和排斥的物品等。

一直到了一歲半之後，有些孩子開始會用語言表達感受，例如：拍著自己的胸口說「怕怕」、看到大人掉淚說「媽媽哭哭」等，這表示他們逐漸**能夠理解「我怎麼了」**，而這也是調節自己情緒的展現。當然，一開始都是很簡單、基礎的語彙，隨著認知能力和語言能力的發展，相關的語彙用字才會逐漸增加。

在三歲以前，因為大腦成熟程度的關係，孩子多半還是用比較直接的方式或動作來因應不舒服的、負向的情緒感受。

隨著大人的引導、示範、鼓勵，以及大腦逐漸成熟，到了**三歲以後**，孩子才進階到能夠使用**偏向心智化的方式去因應情緒**。

所謂心智化，指的就是**透過思考而產生的策略，像是轉移注意、轉換活動**（如：跑去玩別的東西）、想出正向理由（如：媽媽去上班，晚上就能陪我一起玩），或是重新理解令他不舒服的情境（如：小紅帽被吃掉時沒有被咬到，所以不會痛）等。

研究顯示，在孩子年幼時，若父母能持續使用語言引導、示範合宜的情緒處理方

表 2-3 學齡前各階段的情緒發展

年齡	情緒表現	情緒理解
0至6個月	・出現社會性笑容、開心的笑容。 ・喜歡和熟悉的人互動。	・可以透過照顧者的語調來感受情緒。 
7至12個月	・生氣和害怕的情緒頻率與強度增加。 ・對刺激物趨近或退避，以調節自己的情緒。	・對他人所釋出的情緒訊號有所理解。 ・開始會產生與他人相仿的情緒反應。
1至2歲	・開始產生羞愧、難為情、罪惡感、自傲等情緒，但仍需要大人從旁協助與鼓勵。 ・開始學習用語言表達，理解及調節自己的情緒。	・會辨別他人和自己的情緒。 ・具備情緒語彙及同理心。 
3至6歲	・情緒與自我價值產生連結。 ・透過思考，產生策略，以調節自己的情緒。 ・能以符合一般的情緒表達規則，例如正向情緒。	・能夠理解較複雜的情緒原因、結果及行為。 ・隨著語言發展，更能以同理心回應他人。 

式，在孩子有負向情緒時陪同他們調節，而非一味指責或懲罰其情緒表現，那麼孩子未來在面對壓力和挫折時，會有更好的因應能力喔！

理解不同年齡孩子的情緒發展程度，我們才能對其情緒反應和調控表現有適當的期待，也才能給予最好的協助，陪著他們成長。

你也可以做到的正向教養對話練習

當孩子害怕時，千萬不要只是告訴他「這沒什麼好怕的」，這樣做等於是否定了孩子的感受，會讓孩子更加退縮、覺得只能獨自與這些恐懼搏鬥，對孩子的小小心靈是很沉重的壓力。那麼，我們可以怎麼做呢？

● 陪孩子進行安全程序檢查

若孩子是害怕衣櫃裡、床底下、窗戶外面躲著小妖怪，可以在睡前帶著孩子進行安全檢查，一起用手電筒照一照可能躲著小妖怪的地方，確認沒有東西躲在裡面；或是在這些地方放置專屬於孩子「鎮邪法寶」，像是小獅子、神奇石頭等。

● 給孩子「勇氣寶物」

在孩子感到害怕時，可和孩子一起創造「勇氣咒語」，或是「勇氣寶物」，讓孩子學會以自己的力量去對抗這些恐懼，這也會讓孩子比較安心。

此外，這個做法也可以成為親子間的小祕密或專屬默契，因為這種情感的連結、被大人重視的感受，本身就能帶給孩子很正向的經驗（可參考繪本《祖母的妙法》，其故事內容就是使用咒語幫助孩子有效克服內心的恐懼）。

● 避免用恐懼進行管教

前面提到了恐嚇式的管教方式會帶來更多的恐懼，所以我們要用正向的管教方式來取代。將語句改成正向的敘述，是最容易上手的做法之一。

例如：「不好好刷牙，半夜會被妖怪拔掉」可以改成「把牙齒刷得亮晶晶，就不會有小妖怪囉」。

若搭配前面章節介紹的鼓勵方法，更能有效達到教養的目的。

▲《祖母的妙法》作者為瑪格瑞特庫貝卡，由英文漢聲出版發行。

POINT

避免使用恐嚇式的管教，用寶物、儀式，建立孩子的安全感。

可再搭配正向的敘述方式：

✕「不好好刷牙，半夜會被妖怪拔光。」

○「把牙齒刷得亮晶晶，就不會有小妖怪囉！」

CASE 12

時間到了卻不肯上床睡覺

就寢時間已經到了，芝芝還在遊戲室玩得不亦樂乎，爸爸來叫了她好幾次，芝芝總是回答：「等一下！」、「再一下下」，卻完全沒有要放下玩具的意思。

最後爸爸實在忍不住了，走過來一把拿走芝芝手上的玩具，生氣的責備芝芝：「都已經幾點了！說好九點要上床睡覺，妳到現在還沒刷牙、換睡衣，是打算幾點去睡覺？每次要妳去睡都不睡，早上才爬不起來，一直賴床，還亂發脾氣。今天不講故事給妳聽了，收好東西給我馬上去刷牙睡覺！」

芝芝被爸爸這樣一說，眼淚馬上掉了下來，一邊哭一邊說：「不要嘛！我要聽故事，我會很快刷好牙！」

但是爸爸一點也不領情，最後芝芝只好含著眼淚，自己一個人默默的走回房間。

12. 建立就寢儀式，避免睡前誘惑

為什麼孩子老是講不聽？都已經告訴他們隔天會起不來，或是再不加快速度，出門就要遲到了，孩子們卻還是老神在在地，一點也不擔心，幾乎快氣死旁邊的大人們。

其實這還是老問題：**孩子的發展程度還沒到**。

要理解「晚睡的隔天會起不來」或是「動作要快一點，才不會遲到」，需要具備的能力還不少，包括時間順序、因果關係、計畫能力等，若還要能因此放下手上的玩具，那還要外加一項「抑制」的能力。這些都是複雜、高階的認知功能，對較年幼的孩子來說實在太困難。

但也有些孩子不是顧著玩，而是一直找藉口不乖乖睡覺，這時可能要留意他們是否有一些**情緒上的需求**，例如：害怕上床（可參考前一章的怕黑、膽小），或是想撒嬌、遇到困難需要安撫等。此時，若沒有即時察覺他們囁嚅不敢說出口的心聲，可就錯失了好好幫助孩子解決困難的機會了！

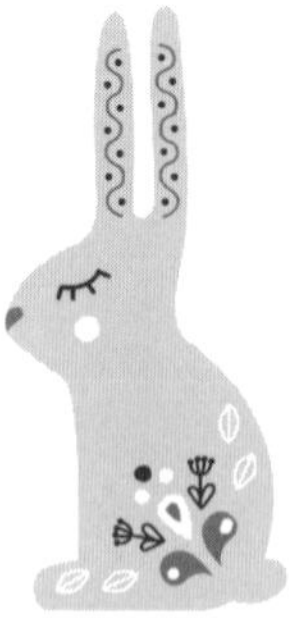

各階段的認知發展

如同我們在前面提到的，**理解孩子的發展程度，是正向教養中所強調的原則**。知道孩子的能力發展到哪裡、限制為何，才能對他們的行為有適當的期待，也才能幫他們搭好學習的鷹架，協助他們逐步蓋出能力的高樓。

這一章，我們要來談一談孩子的認知發展程度（見下頁表2-4）。

一般而言，兩歲前的孩子，他們對世界的認知還處在透過感官認識世界的程度，需要觀察、觸摸、放進嘴裡啃咬，然後才能建立對事物的理解。這個時候他們能夠理解的因果關係，大約是知道「東西從這邊放進去，會從另一邊掉出來」。

兩、三歲之後，孩子開始進入下一個階段，能夠透過某個物品或方式來代表另一個物體，也因此孩子開始會玩**扮家家酒**，**假裝吃東西**、**買東西**。但是，在這個階段，他們的思考能力仍然有很多的限制，例如：**難以切換到別人的視角**、**需要有具體的事物作為想像的依據**等。因此，這個年紀的孩子對於時間，例如今天、昨天、明天、以前、以後等，這麼抽象的概念通常是無法清楚理解的。常見的狀況就是，孩子用「明天」來代表所有還未發生的時刻、用「昨天」來代表所有之前已經過了的時間。

到了四歲以上，孩子總算開始能理解最基本的抽象概念，可以知道「以前」、

表 2-4　學齡前各階段的認知發展

年齡	發展認知	具體表現
1 歲	透過感官認識世界。 	透過觀察、觸摸、啃咬，然後，建立對事物的理解。
2 至 3 歲	需以具體事物作為想像的依據。 	玩扮家家酒，但對時間概念、較抽象的事物，仍無法清楚理解。
4 至 5 歲	有最基本的抽象概念，如時間、感受。 	・知道時間概念：「以前」、「以後」、「一天」。 ・理解抽象關聯：吃很多→肚子會很撐、感冒吃藥→比較舒服一點。
6 歲以後	具備進階的思考能力及邏輯思考。 	・具備計畫能力：快遲到了要加快動作。 ・理解因果關係：早點睡覺才起得來。

「以後」，也約略理解了「一天」的時間概念。此時，他們已有不錯的因果關係概念，例如知道「吃很多」跟「很撐」的身體感受之間的關聯，或是知道「感冒吃藥」可以「比較舒服一點」這樣的抽象關聯。

但令很多人訝異的是，一直要到接近上小學的年紀，孩子才具備了比較進階的思考能力，可以理解時間的概念，以及進行邏輯思考。這個時候的孩子，也才逐漸具備計畫能力，能夠理解「快遲到了要加快動作」或是「早點睡才起得來」的因果關聯。

你也可以做到的正向教養對話練習

該怎麼解決孩子不上床的問題，讓他們願意乖乖去睡覺呢？

● 建立就寢儀式、避免睡前誘惑

由於孩子還沒辦法預設後果而調整自己的行為，所以需要大人幫忙建立規則，例如：會起不來，所以要早點上床睡覺。此時，我們可以**將每天晚上睡前一段時間固定下來做某件事**。

例如：八點洗澡和喝杯牛奶、九點刷牙換睡衣、聽故事，九點半上床睡覺。在這段時間要避免安排孩子較難中斷的活動，像是看電視、玩玩具等，就能減少這種拉鋸。

● 讓孩子體驗「睡不飽」、「遲到」的感覺

當孩子比較大一點了（大約大班、低年級時，約六、七歲），可以開始讓孩子體驗「晚睡」和「爬不起來」，或是「沒吃飯」和「肚子餓」、「太晚出門」和「趕不上喜愛的活動」之間的關聯性，讓孩子理解睡不飽、匆忙、遲到等不舒服的感受，是來自於前面行為的結果。

不過，記得要挑選比較有餘裕且行程重要性較低的日子，才不會因為擔心耽誤行程，而造成親子之間的衝突。

如果孩子並非因為沒有時間概念造成晚睡，那就如同前面說的，要留意情緒上的需求。

要特別注意的是，這個階段的孩子對事情的解讀還不是那麼熟練，有時會過於簡化，或是移花接木，把不同的訊息湊在一起，因此有時會產生對大人而言有點莫名的關卡。

正視孩子的情緒需求，仔細聽一聽他卡住的地方，陪孩子一起想辦法，需要勇氣

就給勇氣、需要陪伴就給陪伴，唯有孩子安心了，才有辦法往前邁進、繼續成長。

POINT

用睡前儀式，幫助孩子理解時間。

✕ 催促孩子：「你這樣慢吞吞不趕快睡，明天爬不起來，不要又在那邊哭！」

○ 將時間固定下來：八點洗澡、九點刷牙、九點半睡覺。

CASE 13

挑食／吃飯三口組

澄澄非常挑食，挑食到爸媽實在很頭痛，有多誇張呢？

他挑食的程度已經到了要列舉出不吃的東西太難了，不如直接說他願意吃什麼東西還比較快。

他目前願意吃的東西主要有白飯，有時加上一些肉鬆，或是淋上一點肉汁，但是肉燥或滷肉他又不愛吃。事實上，肉類他只吃汆燙的雞肉、豬肉片。

青菜的話，他只吃白色的，像是白蘿蔔、大白菜等，其他綠的、橘的、紅的、黃的都不喜歡。水果、海鮮、奶蛋類大致也是這樣的龜毛。

即使父母軟硬兼施，用盡了各種方式，澄澄的進步還是很有限，以至於爸媽現在一想到用餐就頭大。

13. 搞懂孩子的先天氣質，有些食物別逼他吃

孩子的挑食有幾個常見原因，其中之一與孩子的**氣質**（temperament）有關。氣質指的是孩子與生俱來的個性、特質。對於新事物，有些孩子天生就是比較退縮、抗拒、不願意嘗試，或是需要花費比較久的時間才能接受。

這類型的孩子看到陌生、沒看過的東西，通常第一個反應就是拒絕，也就是指，他們在「趨避性」的氣質向度上是偏向退避型的（按：趨避性，指孩子在面對新事物時，採取的態度是接受還是退縮，詳細說明請參第一三〇頁）。

另外，有些孩子則是對固定的生活模式有強烈需求，也就是「固著性」比較高的孩子。這類型的孩子傾向在生活上盡可能維持一致，所以會喜歡走同樣的路、穿同樣的衣服，以及吃同樣的食物。

有些孩子的挑食，則是來自於生理上的因素——他們天生**對於氣味、口感等知覺特別敏銳、敏感**，因此常會特別抗拒某些氣味、味道較重的食物，或是某些口感較特

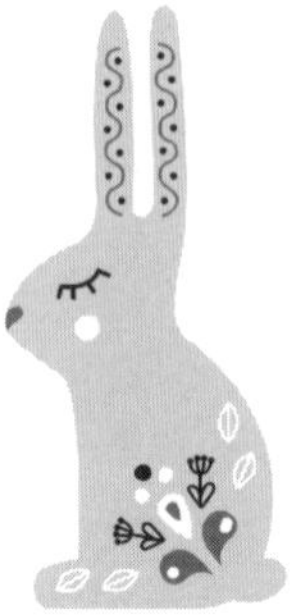

圖 2-4　孩子的先天氣質

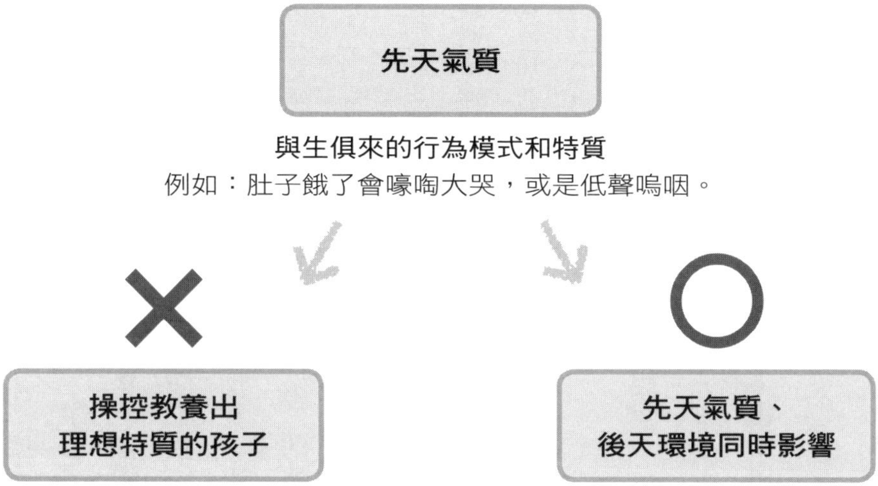
先天氣質
與生俱來的行為模式和特質
例如：肚子餓了會嚎啕大哭，或是低聲嗚咽。
操控教養出
理想特質的孩子
先天氣質、
後天環境同時影響

殊的食物。

然而，有些人會誤以為孩子的個性，完全是家長教養而來的結果。過去也曾經有心理學家提出主張，認為父母可以完全操控想要養出什麼特質、喜好、興趣的孩子。但是，經過多年研究後，目前發展心理學家比較一致的看法是：隨著年齡增長，**一個人所展現出來的個性、外在表現，是同時受到先天氣質與後天環境的影響**（見上方圖2-4）。

其中，先天的氣質，指的是與生俱來的行為模式和特質，也就是從嬰兒期開始，面對內在或外在的刺激訊號會如何反應。例如，有些嬰兒餓了（來自內在的飢餓訊號）會嚎啕大哭，有些嬰兒則只是低聲嗚咽，每個人都不太一樣。

關於氣質的種類，各派學者曾提出不同的分類方式，目前在臺灣較常見的是兩位美國精神科醫師湯瑪士（A.Thomas）與切斯（S.Chess）在一九七七年提出的九大氣質向度（見下頁圖2-5），包括：活動量、規律性、趨避性、反應強度、注意力持續度及堅持度、情緒本質、注意力分散度、知覺刺激閾值（敏感度），以及適應度等（詳細說明請見第一三〇頁）。近年來，則陸續有其他學者針對這九大氣質的涵義進行更新，另外也有許多學者提出不同的氣質分類概念。

但是，各位家長看到這邊可千萬不要急著評估孩子各個氣質的強度，只要我們打開觀察力，好好的觀察孩子的行為，或是努力回想孩子從出生以來的反應模式，我們自然就會知道孩子的明顯特性。例如：

作息規律、比較不怕生↓**開朗型**

動不動就哭鬧、作息不正常、個性很急↓**磨娘精型**

喜歡靜態活動，反應比較慢↓**慢郎中型**

很有自己的想法，不喜歡服從命令或規定↓**挑戰型**

圖 2-5　九大氣質向度

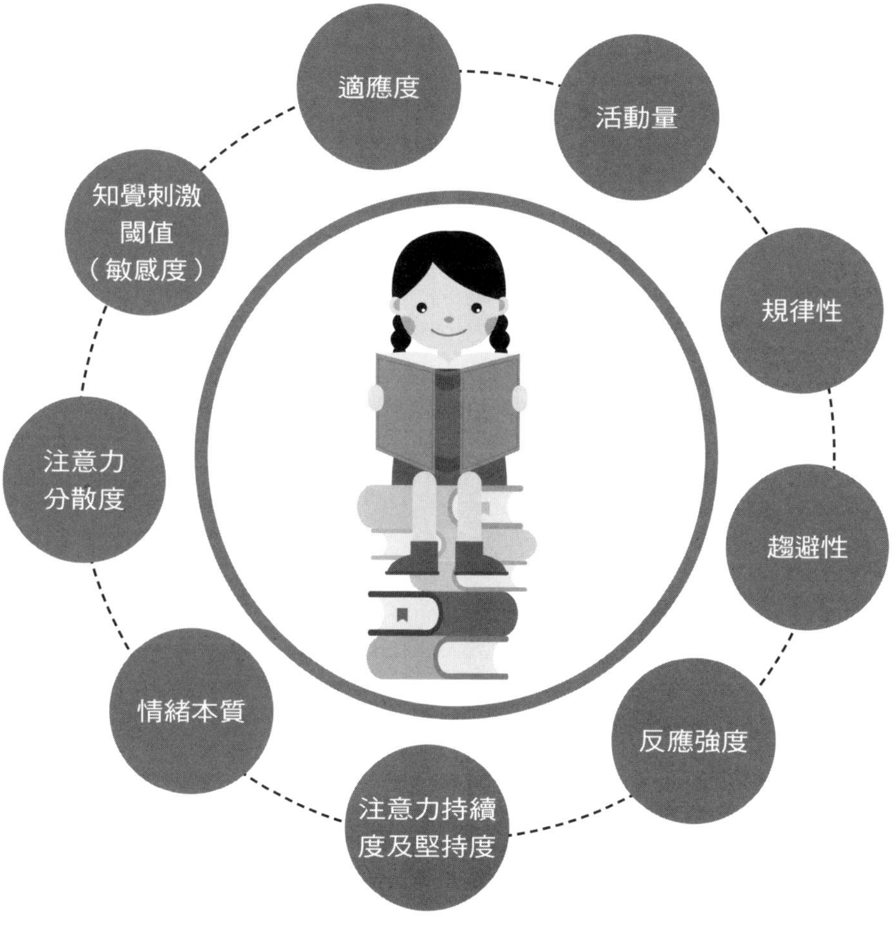

掌握到孩子的性格特質後，很多原本令我們困擾的問題行為，都會豁然開朗：**孩子不是故意不做、不是不願意，而是他做不到**。

要天生退縮的孩子落落大方、要活動量大的孩子從事很多靜態活動、要對氣味敏感的孩子接受味道強烈的食物，都是會讓彼此非常挫折的。

接下來，我們來介紹到底有哪些氣質的向度，又分別代表什麼意思。

1. **活動量**（**activity level**）

孩子一天中蹦跳活動與安靜時間的占比，以及行動節奏的快慢。活動量高的孩子通常精力充沛、動個不停，而活動量低的孩子則是文靜、慢吞吞。

2. **規律性**（**rhythmicity**）

孩子一天睡覺、清醒、吃飯、大小便等生理需求的規律程度。規律性高的孩子，每天吃飯、睡覺、排泄等生理相關事項的時間都很固定，規律性低的孩子則恰恰相反，十分不規律。

3. **趨避性**（**approach / withdraw**）

孩子面對新的人事物或環境時，是趨近嘗試或退避抗拒的表現。傾向趨近的孩子顯得好奇心十足，什麼都想試試看；而退避型的孩子則顯得謹慎退縮、較為怕生。

4. **反應強度**（**intensity of reaction**）

孩子的反應激烈程度，如：哭、笑、說話或肢體反應強度。反應強度強的孩子肚子餓會嚎啕大哭、尖叫；反之，反應強度較弱的孩子卻可能只是發出細微的聲音。

5. **注意力持續度及堅持度**（**sustained attention and persistence**）

孩子在進行活動時能持續的時間，以及在遭遇困難時是否會繼續嘗試。持續度高的孩子，在積木倒了、拼圖拼不起來時仍願意繼續嘗試；持續度低的孩子則容易放棄。但相反的，堅持度高的孩子，在哭鬧時也會比較堅持。

6. **情緒本質**（**quality of mood**）

孩子表現出正負向情緒的比例，像是友善、開心與否。情緒本質正向的孩子時常笑臉迎人，而負向的孩子則比較容易不高興或哭泣。

7. **注意力分散度**（**distractibility**）

孩子的行為受到環境中其他事物干擾的程度。注意力易分散的孩子，若旁邊有人說話、走動，很容易會分心。但另一方面，若他正在哭泣或發脾氣，相對也比較容易被轉移注意力。

8. **知覺刺激閾值**（**敏感度**）（**threshold of responsiveness**）

孩子對各種知覺刺激，包含觸覺、視覺、聽覺等的敏感程度。「閾值」指的是出現反應的臨界點，閾值低的孩子比較容易對環境的知覺刺激有反應，例如一點點聲響就醒來，而閾值高的孩子對刺激的容忍度高，因此經常不動如山。

9. **適應度**（**adaptability**）

相較於趨避性，是指對新事物第一時間的反應，適應度指的是孩子適應各種改變的速度。適應度高的孩子在上幼稚園時可能一、兩週就適應了；適應度低的孩子則可能哭鬧一整個學期都還無法適應。

下頁表2-5是各向度的比較及教養技巧，因每位孩子都屬獨立個體，故僅供各位讀者參考，仍須以理解孩子的狀況為優先。整體來說，氣質向度並沒有好壞之分，但孩

表 2-5　九大氣質向度與教養技巧建議

九大面向		高	低
活動量		精力充沛、動個不停。	個性文靜、動作慢吞吞。
教養技巧	**0-18 個月**	給予足夠空間和機會活動，例如：地墊遊戲區。	陪孩子從事較靜態的遊戲，例如：躲貓貓、說故事等。
	18-36 個月	多至戶外或參加動態活動。	布置從事靜態活動的區域；在活動安排上多給孩子一點時間。
	36-72 個月	除了多去公園跑跳、踢球，保持足夠的睡眠也能讓孩子更穩定。	帶領孩子從事有趣的活動，以增加其參與意願和相關動作能力。
規律性		吃睡等生理時間固定。	作息較不規律。
教養技巧	**0-18 個月**	提前準備好孩子需要的環境或物品，避免手忙腳亂。	細心觀察寶寶的需求；若大人感到情緒緊張可稍微抽離放鬆一下。
	18-36 個月	因孩子作息屬高規律，應避免安排會耽誤午睡和用餐的行程。	善用環境線索和建立儀式，培養孩子規律作息。
	36-72 個月	在上學前，先幫孩子調整時差；若行程有變動，要預先告知孩子。	在上學前幾個月就開始逐步建立作息。
趨避性		好奇心十足，什麼都想試試看、不怕生。(趨近)	個性謹慎退縮、較為怕生。(退避)
教養技巧	**0-18 個月**	多注意與人接觸的風險，例如感冒、二手菸。	給予孩子較長的適應時間，不責備、不勉強。
	18-36 個月	注意安全問題，並教導基本的親疏遠近觀念。	多鼓勵孩子表達內心感受，並給予安全感。
	36-72 個月	用遊戲方式反覆演練，以對陌生人保持適度的警戒心。	藉由事前預告、提前熟悉環境或家長陪同，增加孩子嘗試的意願。

（接下頁）

九大面向		高	低
反應強度		喜怒哀樂較明顯。	即使肚子餓，哭聲也很小。
教養技巧	0-18 個月	用溫和、低頻的聲音回應寶寶的需求。	不時關注及主動察看孩子的需求。
	18-36 個月	善用小儀式，讓孩子冷靜下來，例如閉上眼睛數數字。	主動詢問並鼓勵孩子說出自己的想法。
	36-72 個月	教導孩子用合宜的方式去表達情緒。	善用說故事，讓孩子練習表達感受，並主動告知老師孩子的特質。
注意力持續度及堅持度		個性比較固執、不輕易放棄，但也容易哭鬧。	遇到挫折，容易放棄。
教養技巧	0-18 個月	給孩子時間慢慢嘗試，別急著打斷或直接出手幫忙。	給孩子信心，克服困難。
	18-36 個月	從旁給予建議或提示。	逐漸增加事情的難度，培養孩子的持續度。
	36-72 個月	事先預告可能遇到的困難或可以求助的對象。	把事情分成幾個小階段，以增加成就感。
情緒本質		正向的，愛笑、快樂。	負向的，容易焦慮、生氣、不快樂。
教養技巧	0-18 個月	適合回應孩子正向的訊息。	多觀察及傾聽孩子的心情。
	18-36 個月	給予孩子足夠時間去探索，從旁陪伴及觀察。	逐步引導孩子用說的表達情緒或需求。
	36-72 個月	多鼓勵孩子展現不同向度的情緒。	適時讓孩子休息一下，練習讓自己冷靜。

*依 0-18 個月、18-36 個月、36-72 個月，九大面向的教養技巧皆有不同。

*引用來源：衛福部，可至衛福部網站之線上測驗查詢詳細說明及影片，請掃描右方 QR code：https://nckuid95.github.io/Positive/index2.html。

（接下頁）

九大面向		高	低
注意力分散度		很容易分心，但哭鬧也容易停止。	不被外界干擾，可專心完成一件事。
教養技巧	0-18 個月	多訓練孩子專心在一件事情上；哭鬧的時候則用其他事物轉移。	不干擾孩子，讓他們專心探索環境。
	18-36 個月	用有趣的活動來吸引孩子的注意力，或是一次只玩一種玩具。	給孩子時間冷靜，但不隨之起舞。
	36-72 個月	可以給孩子靜態活動專屬的座位，避免受到干擾。	適時提醒孩子要休息一下。
知覺刺激閾度（敏感度）		容易一點點聲響就醒來。（閥值低）	反應較慢，對別人的情緒較難察覺。（閥值高）
教養技巧	0-18 個月	跟寶寶玩觸覺或聲音遊戲，使其逐漸習慣不同程度的知覺刺激。	用從容的方式跟孩子互動。
	18-36 個月	在安撫孩子後教導孩子表達和求助的方式。	若孩子因太專心而充耳不聞時，可用較大的音量，吸引孩子的注意。
	36-72 個月	盡量避免突然、強烈的知覺刺激；並安排不同的知覺類型活動。	預先跟孩子練習，例如學習辨別天氣冷熱並穿脫衣服。
適應度		對新事物的適應期較短。	容易對新事物表現出退縮的反應。
教養技巧	0-18 個月	須注意周遭人事物對孩子的影響。	提前讓孩子知道變化，並給予適應的時間。
	18-36 個月	提前預告及說明，並適時加以安撫。	避免逼迫或責備，多稱讚或鼓勵。
	36-72 個月	讓孩子感覺到被支持。	提前認識及熟悉新事物或環境，並陪同孩子參與轉換活動的過程。

子的氣質常會影響到照顧者對他的主觀感受，進而影響照顧方式或品質，並影響到孩子對照顧者的反應。值得注意的是，有些孩子會有幾項比較顯著的氣質，但也有些孩子的氣質表現並不明顯，無須太過擔心。

你也可以做到的正向教養對話練習

要處理孩子挑食的問題，大家可試試下述做法：

- **營養與發展都沒問題，就放過自己**

在處理挑食問題的時候，我們首先要評估孩子是否有吸收到足夠的營養、生長發育有無受到影響，所以優先要做的是追蹤孩子的各種生長數值，像是身高、體重等。如果這些發展指標都沒有問題，面對孩子的挑食，我們就可以**說服自己放寬心**、一點一點處理，甚至適度「視而不見」也沒關係。

光是意識到這一點，就可以解救許多因為孩子挑食而苦惱不已的父母。

- **對的時間、對的氛圍，一切都要慢慢來**

當孩子挑食，用餐時間常常成為戰場，但是事實上，**不愉快的用餐氣氛反而會讓孩子更想逃避吃飯**這件事情，所以放點音樂、開啟一些輕鬆的話題，不再緊迫盯人，至少讓孩子喜歡上用餐時光吧！

此外，還可以留意孩子的飢餓訊號，在孩子開始有飢餓感的時候安排用餐，進食的意願會大一些。

在改變的過程中，不求一步到位，只要孩子願意多做一點嘗試、多跨出一小步，都值得我們給予大大的鼓勵。

● 適度運用同儕仿效效果

三、四歲以上的孩子，開始會**關注同儕行為**，並且會想要**仿效他所認可的、喜歡的對象**，所以可以陪孩子觀察其他孩子的吃飯行為，並鼓勵孩子「跟○○一樣試試看」，但要避免用「你看隔壁小明吃得這麼好，哪像你？」這種說法。

此外，也可以邀請孩子一起動手做，無論是攪拌、摘葉子、剝殼，有親自參與烹調的食物，也會讓孩子主動把飯吃完。

POINT

細心觀察孩子的特質，並運用同儕仿效效果。

× 「你看隔壁小明吃得這麼好，哪像你？」

○ 「要不要跟書裡的小兔子一樣吃吃看小蘿蔔？」

CASE 14

面對新環境容易退縮

藍藍快滿四歲了，他在家裡總是很活潑、很開心，可是每次到沒去過的地方，藍藍就會像變了一個人似的，一直躲在大人背後，需要好長的適應時間，才能融入大家。

那天媽媽帶藍藍去上律動課，明明已經有認識的好朋友一起參加，大人也事前跟他介紹過等一下要進行的活動，但藍藍還是在教室外面臨陣退縮，全身就像灌了石膏般僵硬，眼睛不知道該看哪裡，小手緊緊的抓著大人的衣角。

幸好老師非常有經驗，笑嘻嘻的走出來跟他打招呼，還向藍藍自我介紹，並且告訴藍藍，很多小朋友第一次來上課都會有點緊張，可以先讓家長陪他坐在後面。如果有哪一個活動他覺得很好玩、想要試試看，隨時可以加入大家。

聽到老師的說明之後，藍藍好像放輕鬆了許多，也順利的讓媽媽牽著他走進了教室。

14. 用預告、演練，化解他的「閉俗」

有些孩子似乎天生「閉俗」，面對新事物總要觀望個半天，這是什麼原因呢？最常見的原因，在上一章節已經提過，就是孩子的天生氣質。就好像我們身邊有人外向、有人內向，有人好動、有人文靜，氣質就是這樣的差異。

面對新環境、新事物會退縮與否，跟兩種氣質向度有關，一種是前文提過的「趨避性」；另一種有關的氣質，則是「適應度」，指的是孩子需要花多少時間才能適應新的變化。有些孩子雖然一開始要觀望許久，但是只要接觸了，很快就能調適，有些孩子則恰好相反。

除了天生的個性特質，有時則是因為孩子過往的經驗，影響了他們對於新事物的接受度。例如，**如果孩子**在第一次上才藝課的時候**遭到挫敗**、**被責備等**，那往後很可能**就會不願意嘗試其他類似課程**。

此外，就如同在「依附關係」章節中所提到的，跟主要照顧者形成安全依附的孩

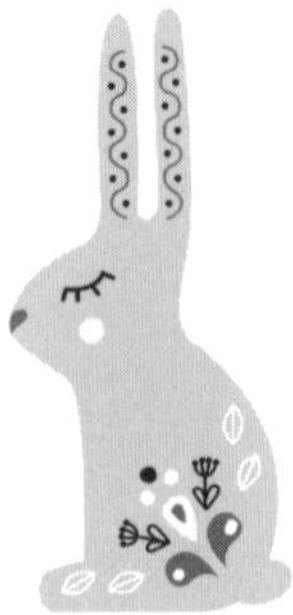

子，比較勇於探索新事物，因為他們知道大人會在後面照看、陪伴，遇到挫折或害怕時也會有人安撫。

相反的，不安全依附型（見第一〇四頁）的孩子，則會退縮、裹足不前，因為他們不知道身邊可依靠的大人什麼時候會消失、會不會安撫他們，所以不敢放心向前。

那麼，針對容易緊張退縮的孩子，我們可以怎麼陪伴和幫忙他們適應呢？

一般來說，一個人在環境中是否能感到自在安全，有一個很重要的影響因素，稱作「控制感」，也就是「我對於這個環境有多了解？又有多少影響力？」

我們可以在帶孩子接觸新事物之前，先跟他說明接下來會進行的活動、可能見到的人、持續時間多久等。

這些訊息對孩子來說非常重要，透過這些訊息，孩子對於接下來會遇到的狀況有了比較具體的認識，知道自己即將面對哪些事情，這種**可預期性，可以大大降低孩子的不安**。

此外，演練也是好方法，例如孩子準備要上學了，在正式開學之前就可以開始幫孩子暖身。

除了告訴孩子上學是怎麼一回事、陪孩子到校園參觀，和孩子來幾場上課的角色扮演，也是好方法！

你也可以做到的正向教養對話練習

當孩子緊張、擔心的時候，該怎麼辦呢？讓我們來擔任孩子肚子裡的蛔蟲，幫孩子說出他的感受吧！

在我們觀察到孩子的焦慮感受之後，可以主動說出來：「第一次來，好緊張喔！」，也可以告訴孩子「**大部分的小朋友都有這樣的感受**」、「**這是很正常的**」。這樣的說明會讓孩子感到比較安心，因為他的感受被理解了、被包容了，而且他可不是唯一一個會這樣想的人呢！

雖然我們很希望孩子可以開心的擁抱新體驗，但有時，孩子就是還沒準備好、還需要多一點勇氣。因此，在鼓勵孩子嘗試之餘，如果環境許可，也可以給彼此一點時間，耐心給予其最安心的陪伴。

此外，也可以試著給孩子保證：「我會在這邊等你、不會跑掉，你可以站到前面一點點，害怕的時候就轉過來，我會跟你比一個愛心喔！」

POINT

找出孩子的氣質類型，並善用預告和演練。

✕「你這麼膽小，以後上學怎麼辦？」
「害怕就是要忍耐，才會變勇敢。」

○「我會在這邊等你、不會跑掉，你可以站到前面一點點，害怕的時候就轉過來，我會跟你比一個愛心喔！」

CASE 15

突然變得不肯上學

楠楠長得白白淨淨，肉嘟嘟的臉配上招牌傻笑，講起話來還有輕微構音障礙造成的「大舌頭」，整個人有種傻氣的可愛，大家都很喜歡他。

楠楠這個學期開始上幼兒園了，一開始適應得很不錯，兩個多月來每天都開開心心上學，爸媽正準備鬆一口氣時，突然之間楠楠就不願意上學了！

每天早上他都哭喪著臉，哀求大人不要送他上學，硬是把他帶到學校門口，他就坐在地上不肯進去。

他知道隔天要上學，前一天晚上還會抱著被子啜泣。有時爸媽夜裡進去房間，看到他眼角掛著眼淚、眉頭緊蹙，真是萬分不捨。

原本喜歡上學的孩子，為什麼突然就變了？

15. 越責備，孩子越不想說？信任從問題開始建立

孩子對某件事物的喜好突然轉變，一定是有原因的，但由於孩子的思維方式跟大人不太一樣，所以有時事情的原因並不是這麼好理解，需要我們細心推敲。

孩子突然不願意上學，可能的原因非常多，以下是一些比較常見的例子。

第一個是受到挫折，這是最常見的。例如，學校開始教新的課程、準備聖誕節表演活動，孩子覺得自己做不來、做不好，所以不想去學校面對。

第二是同儕相處。被同學欺負、被嘲笑、好朋友不理他，或者是以為自己被討厭，都有可能。

第三是爬不起來。這個原因也很常見。天氣轉涼了、體能活動增加，或者就是最近比較晚睡，都可能增加早上起床的難度。此外，也可能因為不想上學，而不想起床。

第四是環境轉換。除了轉學、轉班之外，有時是換教室、喜歡的老師離職或請假了、喜歡的活動取消了等，這些環境上的改變，都有可能影響孩子上學的意願。

第五是感到害怕，例如被老師罵，或是看到老師罵人，或者比較嚴重的：受到了不當的對待，這是我們最不樂見的可能性。

除了上述狀況，也有可能是家裡面有了變動，孩子不想離開家人，例如媽媽去生弟弟妹妹，或是孩子賭氣想要求大人答應某些要求等。

正向教養提醒我們，在處理孩子的教養議題時，不能只求達成短期、速效的目標，雖然快速達成目可以減少父母的壓力，但越是快速收效的方式，越可能忽略事情的脈絡、孩子的需求，反而容易讓孩子離我們最終希望他們具備的各種人格特質越來越遠（見第六十七頁說明）。

在臨床上也是如此，**孩子的情緒行為問題，通常是一種呼救**，告訴我們他有哪些地方需要幫忙。偷竊的孩子，可能是想尋求同儕認同、被威脅，或是衝動控制能力不佳；頂嘴忤逆的孩子，可能是因自卑而需要被肯定，或是在其他地方遭遇了挫折、對人際充滿不安。

如果我們沒有發現這些背後的需求，只是用責打、威嚇去迫使孩子不敢再犯，那麼即使短期遏止了問題行為，孩子很快仍會在其他地方出現問題，大人也會對此感到疲於奔命、挫敗不已。

但是，要如何得知孩子這些令人困擾的行為背後，到底有什麼需求？

其中最重要的，是大人跟孩子之間的信任關係。要問出「發生了什麼事？」這句話很簡單，但是孩子只有在感到安心、信任的狀態下，才有可能把他的需求和脆弱的一面展現出來。

例如：學習上遇到困難、覺得自己很無能、在人際上遭受挫折、不小心犯了一個很大的錯誤等，要說出來都需要很大的勇氣，因此孩子必須確保自己說出來之後，大人不會對他造成更大的傷害（關於如何做個令孩子安心的大人，可參考第三章）。

另一個基本條件，關乎探問的態度。

關鍵在於，大人的出發點必須全然的出於對孩子的關心、在乎，真心想要了解孩子遇到的困難，並提供協助。很多父母一不小心，**會在探問的過程中夾帶「早就跟你說過了吧！」、「你就是這樣不乖！」、「你看著辦好了！」**的潛臺詞，因此而讓孩子很抗拒表露。

誠心的問孩子：「**我看到你很難過，發生了什麼事呢？**」、「**你不想要自己睡，是因為有點害怕嗎？**」當孩子感受到大人話語中的誠懇，就有機會吐露（見下頁圖2-6）。

孩子出現的問題行為，背後都有他的需求。找到需求，才能帶著孩子繼續經營正向教養關係。

圖 2-6　處理情緒行為問題的做法

責備、打罵	**了解孩子的困難，並提供協助**
早就跟你說過了吧	我看到你很難過，發生了什麼事呢？
你就是這樣不乖！	你不想○○○，是因為有點害怕嗎？

你也可以做到的正向教養對話練習

面對孩子突然不願意上學，我們要先抽絲剝繭，找出原因。因為，要處理問題，就一定要找出真正的原因。

不去上學只是表象，背後有真正的原因，但有時我們會忘記去思考，而只是告訴孩子：

「每個小孩都要上學啊！」

「你就是太晚睡了！」

「上學可以玩遊戲、學東西，你看大家都很喜歡上學，只有你不想上學！」

這樣的說法不但無法找到問題的源頭，反而更忽略了孩子的情緒需求（可參考第三十四頁：先連結情感、再處理問題），所以問題就會一直存在。仔細問、好好聽、慢慢拼湊，找出核心原因，才能對症下藥。

如果觀察到孩子的情緒好像逼近他能承受的邊界了，或是孩子已被負向情緒淹沒，而無法思考，那不妨先讓他休息一、兩天，給彼此一個喘息的機會。

當我們找到關鍵原因，而且孩子的情緒緩和、能夠重新理性討論時，就一起來想想該怎麼做。例如：

- 同儕相處問題？↓試試看大聲說出自己的感受、主動邀請對方一起玩，或是練習回應的技巧。
- 對活動不拿手、感到挫折？↓假日跟大人一起練習、請老師再示範一次，或是從自己做得到的部分開始嘗試。

像這樣找到問題點，要找出解決方式就不困難。

POINT

情緒行為問題，是一種呼救。

✕

「早就跟你說過了吧！」

「每個人都要上學，大家上學都很開心啊！」

○

「我看到你很挫敗，發生了什麼事呢？」

「你不想要自己睡，是因為有點害怕嗎？」

CASE 16

脾氣壞，愛罵人

小不點人如其名，長得小小一隻，但是他的脾氣是出了名的壞，同學碰到他、老師糾正他，或是自己做事做不好，都能讓他大發脾氣。而且他說的話常常令人感到詫異：才大班的年紀，為什麼會說出這麼傷人的話呢？

例如有一次家長日，老師們邀請孩子們跟家長一起闖關、完成後可以拿到禮物，結果小不點手叉腰站在一邊，眼神不屑的說：「這遊戲好幼稚，我才不要玩。」

還有一次，大家正在畫畫，同學拿畫筆時不小心碰到他，讓他的手臂沾了一點水彩顏料。

小不點馬上暴怒，對著同學大吼：「你搞什麼啊！為什麼弄到我？你是白癡嗎？」可憐的同學嚇壞了，整個人都快哭了。

這樣的行為讓老師非常頭痛，跟家長說，家長每次都忙不迭道歉、承諾好好跟小不點溝通，但是狀況卻一點也沒有改善。

16. 父母罵人的難聽話，孩子學最快

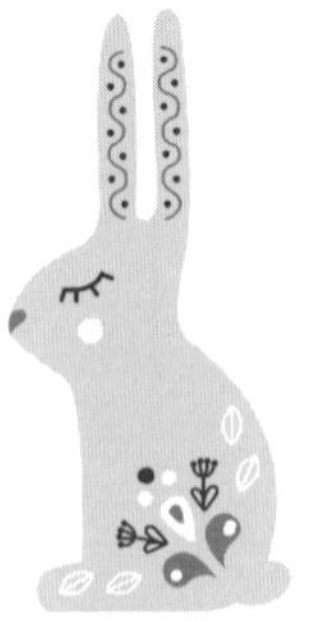

對學齡前的孩子來說，像小不點這樣的暴怒程度確實不常見，但是為了一點小事就發脾氣、說出傷人的話，甚至用了一些髒話或難聽的詞，倒是有可能的，在治療室，我們就很常看到因為愛發脾氣而被家長帶來的孩子。

為什麼孩子會說出這些超齡的話呢？

首先不能忽略的，就是孩子說這些話的情境。多數情況下，孩子是在生氣時說出這些話，這可能是因為在他們的世界裡，接觸到**大人處理情緒的方式就是這樣飆罵髒話、說傷人的話**。於是，孩子便學習到「我很生氣的時候，就要罵髒話」、「我很生氣的時候，就要罵人」。但對孩子來說，他其實不是為了傷人，他只是想發洩情緒，只是**缺乏機會學習恰當的情緒表達方式**。

另外，有些孩子會在玩鬧時、開心的時候說髒話。若是這樣，表示孩子們並不理解這些髒話的負向涵義（例如人身攻擊、歧視等），只覺得很有趣、很帥氣、很刺激，或者聽到同學講，也想試試看、想跟大家一樣。

越生氣，代表內心的脆弱與不安

年幼的孩子講著這些刺耳的言詞，常常令父母感到詫異，覺得孩子是生性頑劣。事實上，學齡前的孩子，越是這樣跟外界作對，往往代表著其內心有著越深的傷。這些傷多半與他們摯愛的對象有關，而在學齡前，這些對象多半就是照顧者。若是照顧者狠狠的傷了他們，像是不告而別、說出傷人的話、隨時收回他們的愛，甚至施加暴力，這都會讓孩子們覺得這個世界冷漠、無法信賴，付出情感會換得深深的受傷。

於是，他們必須表現得自己很強悍、處處與人作對、不需要別人的愛與在乎，好像這樣子做，才能保護自己不受傷害。

最令人心疼的是，這些年幼孩子的內心，其實非常渴求著愛與在乎——但哪個孩子不是呢？只是，他們的做法，帶來的結果恰恰與他們想要被愛、被在乎的渴望背道而馳；越是表現得強悍、有攻擊性，就越是把其他人推得遠遠的。

於是，這些受傷的孩子便更加認定：我果然是不值得被愛的人、世界上果然沒有在乎我的人。

要改善這樣的問題行為，必須從療癒孩子內心的傷痕開始。這是一件浩大的工程，因為需要讓對世界失去信心的孩子，重新建立起信心。

在這個過程中，孩子**會用很多看似在挑戰大人的行為來不斷的測試**，以驗證「無論我再壞，你都會繼續愛我」。這對有心好好跟孩子相處的父母來說也是很困難的，因為我們必須時時告訴自己：孩子會這麼壞，是因為他很怕失去我、他在說服自己能夠信任我。但也唯有如此，才能在孩子許多傷人的言行中找回希望。

值得慶幸的是，多數學齡前的孩子還不至於受傷到這樣的程度。我們只需提醒自己：**孩子的狂暴行為，代表著他的脆弱和不知所措**。只要試著越過他們的狂暴行為，好好安撫其受傷的心，最終都能雨過天晴。

你也可以做到的正向教養對話練習

當孩子說出難聽的話或是髒話，我們可以這樣處理：

- **清楚說明「難聽話」的意思**

如同前文所說的，有時孩子口出惡言，是因為不了解那些話語有多不雅，或是多傷人，所以如果只是一昧禁止，只會讓這些話語顯得更有吸引力。

用中性但嚴肅的語氣，好好跟孩子解釋這些話語的意思，讓他們明白看似隨口說出的話，其實隱含了這麼多不恰當的內容，像是歧視、性器官，或是詛咒他人的意思。當孩子了解了這些語詞的重量，才能真正學會拿捏分寸。

學齡前的孩子，還沒有成熟的換位思考能力，所以通常並不理解自己的言行在他人眼中的觀感。

我們可以跟孩子仔細說明，言詞代表一個人的思考能力和教養，能夠正確而適當的使用語言，會帶來他人正向的感受；反之，不雅的言詞則讓自己失去與人為善的機會，十分可惜。

除了前述兩項做法，我們還要教孩子**可以怎麼做**、**怎麼說**。尤其孩子會說出這些話語，多半是在出現了不舒服的情緒、感受時，因此需要教他們生氣、傷心、挫折時可以用的發洩方法。

例如：像恐龍一樣大吼、撞一下枕頭、去祕密基地躲起來、跟大人討抱抱、哭一哭、做喜歡的事情休息一下等。

當孩子學會了其他方法，自然不需要用說髒話、說難聽的話的方式來發洩情緒。

不過，無論我們教孩子什麼，最重要的是，我們自己也要以身作則。

POINT

清楚說明「難聽話」的意思。

✕ 不問原因懲罰孩子說髒話。

○ 說明難聽話的意思，並告知正確的發洩方法。

CASE 17

說謊

球球這個學期升上了大班，老師和同學都有些不同。開學不久，大人發現他變得不一樣了，好像有點畏縮，最讓大人訝異的，是球球竟然開始說謊了！事情發生在某個週六，早上吃過早餐，球球媽媽請他和妹妹自己在客廳玩，媽媽則在房間做家事。

到了下午，媽媽發現客廳裡的一個小擺飾不見了，但是球球跟妹妹都說不知道怎麼回事。媽媽找了一會兒找不到，決定晚點再找找，想不到晚上媽媽陪著球球進房準備睡覺時，一翻開球球的棉被，居然是碎成兩半的小擺飾。

球球目睹了媽媽發現小擺飾的那一刻，好像再也忍不住一樣，瞬間大哭了起來。

媽媽一直覺得自己跟球球很親近也信任彼此，想不通球球為什麼要說謊，而當謊言被發現，大人都還沒責備他，為什麼球球就放聲大哭了呢？

17. 恭喜，你的孩子懂說謊了

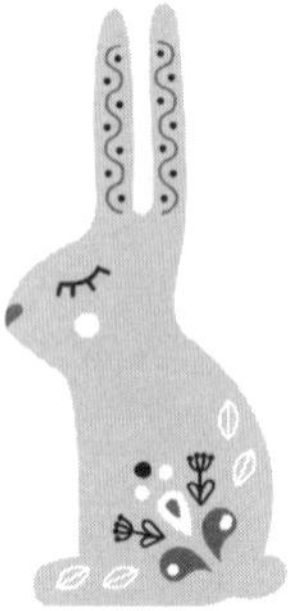

第一次發現孩子說謊時，你的感受與想法是什麼呢？

憤怒？懊惱？困惑？其實該跟你說聲「恭喜」，因為這代表著孩子的發展進入了另一個層次。

說謊需要很多能力，包含心智理論（理解別人想什麼、知道什麼）、因果關係、時序概念（按：時間的先後、次序）、語言邏輯、溝通表達、假設性思考等，是很複雜的心智活動。所以，**要到一定的年紀、心智有一定的成熟度時，才會出現。**

但孩子為什麼會說謊？

背後有許多原因，包括害怕懲罰、想獲得好處、滿足自尊，或者在年幼時因為還沒具備時序概念和區辨真實與想像的能力，而說出不符事實的內容。

以球球的例子，父母發現他自從上了大班之後，在情緒上似乎出現了細微的轉變，比較畏縮、憂慮。這可能代表他的生活中面臨了一些情緒上的問題，並造成了他的壓力，像是被責備或懲罰、在交友或生活適應上面臨挫折等。或許也是因為這樣的壓力而讓孩子選擇說謊，誤以為比起坦誠面對，說謊可以讓壓力比較小，想不到反而帶來了更沉重的心理負擔，最後當媽媽發現了這個小祕密時，才會突然難以承受情緒而爆哭。

你的懲罰，讓孩子下一次藏得更好

說謊的原因有很多種，三歲左右的孩童通常是因為沒有時序概念、虛實不分，而產生說謊行為。例如：「老師都把玩具丟掉」、○○「打人」、「我爸爸有帶我們去動物園」。四至五歲的孩童說謊則大多是為了逃避後果而否認，但當孩子大一點，說謊的原因會變得更複雜一點。例如，有些孩子因為習慣被肯定、被讚美，因此會很害怕被別人發現「我其實沒有那麼棒」，於是會想掩飾錯誤，或是借花獻佛。

還有一些孩子因為能力較不足，在生活裡很難有被稱讚的機會，有時也會因為太渴望被稱讚而編織謊言。約六至七歲時，還可能會為了博取認同、為了吸引目光等不同原因而說謊（見下頁圖2-7）。

在過去的教養概念中，大多利用恐懼的力量來達成嚇阻效果，例如威脅孩子某些行為會產生可怕的後果（被警察抓走、找不到爸媽），但是這樣只會增加孩子的恐懼和

圖 2-7　學齡前孩子說謊的常見原因及應對方法

3 歲
說謊
虛實不分、時序不清
做法　正常的，不需刻意戳破，適時以實際狀況回應即可。
4-5 歲
說謊
逃避後果
做法　陪同面對，並輔助處理善後或補償。
6-7 歲
說謊
吸引目光、渴望認同
做法　適時給予肯定與鼓勵。

焦慮，對於讓孩子明事理、能辨是非完全沒有幫助。

在說謊這件事情上也是一樣，當我們發現孩子說謊，若只是一味的嚴厲責備或懲罰，希望孩子學乖，反而只會讓孩子下一次闖禍時設法隱瞞得更好。但事實上，誰沒有不小心闖禍、搞砸的時候呢？我們要教孩子的，除了小心避免闖禍之外，更重要的是**在闖禍之後該怎麼解決問題，以及如何負責**。

要能達成這些目的，其中的關鍵因素，就是我們要

成為令孩子感到安心的大人。

當孩子闖禍了，我們要陪著他解決問題，而不是厲聲指責；當孩子失敗時，我們要傾聽，而不是開玩笑嘲弄；當孩子感到困頓時，我們仍對他有信心。當我們成為了這樣的大人，自然就消除了孩子需要說謊的原因，並且能真正的陪伴孩子，在成長的路上繼續前行。

你也可以做到的正向教養對話練習

要處理行為問題的第一步，永遠都是了解原因——孩子為什麼說謊？

以學齡前的孩子來說，有可能是因為前面提到的，孩子還沒具備時序概念，或區辨真實和想像的能力，因而說出類似繪本內容、故事情節，或是想像中、尚未發生的承諾。

若是如此，那麼我們無須苛責，只要告訴孩子正確訊息即可。

不過，若我們發現孩子是因為不敢承擔後果而說謊，那就要特別小心處理。但這並不表示說謊沒關係，而是要**讓孩子知道：「說謊這個行為本身確實令人失望，但我仍然很愛你，我會陪你一起想辦法解決問題」**。

當孩子感到安心、知道父母會無條件陪伴時，才會有勇氣負起責任。釐清原因、連結情感，接下來才是重頭戲：解決問題。

若孩子害怕的是被懲罰，就要思考是不是我們過去的處理方式沒有讓孩子學會為行為負責，反而是用恐懼的方式希望嚇阻孩子再犯。也就是說，要讓孩子學會負責，而不是隱瞞。因此，當我們發現孩子闖禍、說謊，應帶著他處理善後工作。

例如：用零用錢賠償、負責修復損壞的物品或設法彌補、做一件對方會喜歡的事情等，都是可以嘗試的。

POINT

陪孩子面對問題，並引導善後處理。

✕「才幾歲就學會說謊，不好好教訓以後一定完蛋！」

○「你看到好朋友去露營，也很希望跟他們一樣，所以說了謊，但這會讓相信你的人失望。你很想去露營，可以跟我們說，我們一起來規畫時間。」

第三章

完美父母不存在，做不到也沒關係

CASE 18

討厭爸媽

某天上線看到朋友傳來的訊息，便索性打電話跟他聊了一下。電話中朋友的聲音哽咽，因為她五歲的孩子小風對著她大吼：「我最討厭妳了！我一點都不愛妳！」讓她當場愣怔，心如刀割，回到房裡忍不住大哭起來。

說起來好像也不是什麼大事，就是一個尋常的晚上，到了要睡覺的時間，朋友要小風刷牙、換睡衣準備上床。但小風不願意，她耐著性子跟小風講道理，小風卻一邊玩著玩具，一邊頂嘴拒絕。事實上，已經好幾天都是這樣，讓朋友氣極了，提高了音量要小風配合，兩人劍拔弩張互不相讓，最後小風吼出了那句，讓朋友傷心到跑進房間躲在被子裡落淚。

為什麼這句話對她的傷害力這麼大？朋友想了想，她覺得是因為這陣子另一半出差不在家，長輩又生病，學校老師也來反應孩子的在校狀況，上司也詢問了幾次加班的可能。她覺得自己為了照顧孩子犧牲那麼多，卻還是什麼都做不好，而孩子這句話讓她的辛苦彷彿瞬間失去意義。

18. 當你很受傷，請先照顧自己的情緒

孩子為什麼會說出傷人的話？

在前面（見第一五四頁），我們曾經討論過一些原因，包含處理生氣感受的技巧不足、不理解這些髒話或難聽的話背後的涵義、耳濡目染等。

但是，比起不好聽的話，傷人的話更會為聽者帶來情感上的傷害。孩子到底為什麼會這麼說呢？

當孩子說出「我討厭你」這樣的話，**「討厭」的對象其實是事情、行為**，而不是人，他們想說的是「**你這樣對我，我好生氣／我好傷心**」，這個背後要傳遞的意思是「**我好愛你，你卻這樣對我，我受不了**」。明明是很重要的訊息，卻因為孩子的表達能力有限，所以僅能以話語表面的意思來表達，讓大人聽了好心碎。

但在另一方面，這些話之所以傷人，除了說者（小孩）之外，聽者（父母）也是關鍵：「為什麼孩子這樣說，會令我這麼心碎？」很多人忘了問自己這個問題，其實

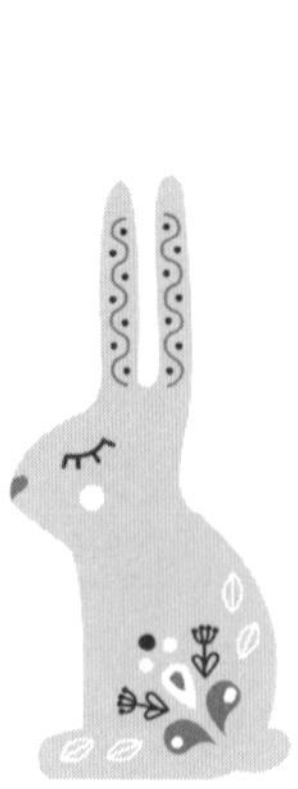

答案有可能是因為自己好累、好挫折、好不滿、覺得好不公平……**這些沒有被重視的心聲，加重了孩子話語的重量。**

不忍耐、不批判，先思考：「為什麼我會這樣？」

在面對教養困境時，常有家長問我們：身為家長，**要怎麼「忍住」脾氣？**

答案是：**不要忍！**

這當然不是要大家抄起手邊的家法狠狠揍下去，也不是要大家潤喉提丹田、準備吼小孩。

在正向教養的實踐過程裡，並非要我們忍住自己的情緒，而是努力透過對孩子的理解、強化自己的教養技能，並且讓負向的情緒感受減少發生，進而能夠扮演承接情緒、引導思考的角色，陪伴孩子從一次一次的經驗中成長。

但是事實上，人是不可能沒有情緒的。所以，我們真正要努力的，並不是壓抑自己的情緒，而是盡量不讓情緒影響我們的教養，也就是接納情緒的存在、了解自己會有情緒，但是避免讓情緒影響我們的行為。因為，據腦科學研究：**被情緒綁架的大腦，是沒辦法理性運作的。**

要減少情緒的影響，就得從「認識情緒」開始。

情緒是怎麼產生的呢？**有許多情緒是天生的**，就像嬰兒一出生就可以表達自己的喜愛或厭惡一樣。然後，隨著生活經驗的累積，我們對不同事物的情緒反應，才逐漸形成現在的自己。而一件事情會勾起什麼樣的情緒，跟此事件觸動了我們過去經驗中哪些記憶與感受有關。

例如：聽到某首歌，想到了當年媽媽最愛一面聽這首歌，一面做家事的記憶，於是勾起溫暖的感受；或是看到某個人說話的語氣，想到當年對自己冷嘲熱諷的老師，於是感到憤恨不已。

由於每個人的生活經驗都不相同，所以面對同樣的事情，每個人會產生的情緒反應也不同。

同樣的，在日復一日的教養現場，我們很可能會發現：孩子或伴侶的某類行為，特別容易勾起我們的怒火或難過的感受。若你也發現了，恭喜你，走到了第一步：**對自己的情緒有所感**，或者用心理學的話語，稱作「**覺察**」。

如下頁圖 3-1 所示，感受到自己的情緒之後，我們還要**試著接受**，這對許多人來說並不容易，因為社會文化的期待、家庭氛圍、自我價值觀的壓迫等原因，許多人會不由自主的否認、忽略、或是壓抑自己的情緒，甚至連自己都沒有自覺。

圖 3-1　不爆氣，先從認識情緒開始

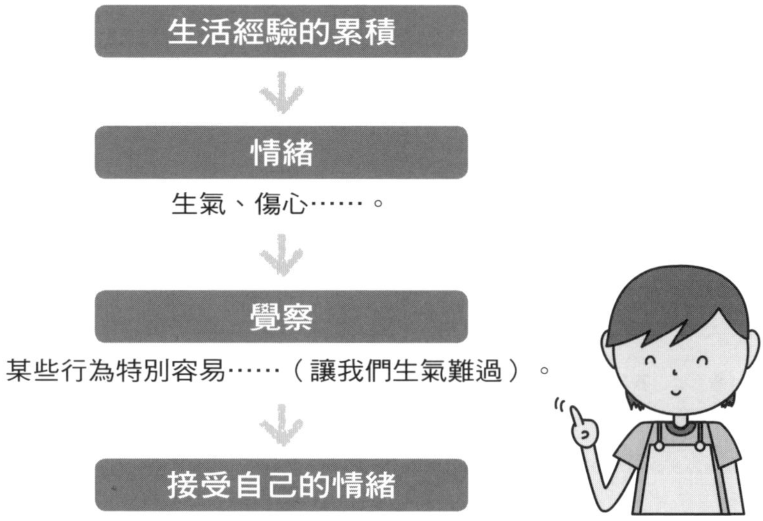

覺察到自己的情緒之後，先不要急著批判自己的感受，而是去接受它：「啊！原來這個狀況會讓我有這種感受」。

最後，再去思考這些感受是從哪裡來的？我為什麼會有這種感覺？它觸動了我什麼？

如同我們對孩子的需求與困難寬容以待，面對自己這些情緒反應時，我們也要抱持著寬容的態度，並透過對情緒反應的覺察，理解過往的自己曾經經歷了什麼。如此一來，我們才有機會降低情緒對行為的影響，維持穩定的狀態，並陪伴孩子繼續完成教養之路。

你也可以做到的正向教養對話練習

當孩子話令我們傷透了心，我們可以試著冷靜下來，**看穿話語背後的涵義**。深吸一口氣，停頓五秒，然後再回應：「你這樣說，是不是因為不喜歡我講話那麼大聲？」、「你說你討厭我，是因為我罵你嗎？」、「你是不是覺得很生氣／很傷心呢？」。

跟孩子確認話語背後真正的意思、幫孩子把感受說出來，會讓彼此都從難過的感受中解放出來。

有些話不是髒話，卻如利刃般傷人，但對學齡前的孩子來說，常常是因為不知輕重而脫口而出。因此，我們可以告訴孩子，聽到這些話的時候會有哪些感覺，像是傷心、失望等，讓他們明白話語的影響可以很大，輕易就能讓自己在乎的對象受傷，並幫助孩子學會謹言慎行。

有些時候，我們真的太受傷了，此時千萬不要勉強自己保持理性，可以先離開現場，好好關照自己受傷的心，或許出去走走、運動一下、看個影片聽個音樂；若不想出門，也可以在家裡好好哭一場。

正視自己的情緒、照顧好自己的感受，永遠是當個好家長的先決條件。

POINT

接受自己的情緒，先安頓好自己，再解決孩子行為問題。

✕ 當孩子的言行令我們傷心，對他怒吼：「我沒有你這種孩子！」

「你以為我很喜歡管你嗎？」

○ 「你說你討厭我，是因為我罵你嗎？」

「你是不是覺得很生氣／很傷心呢？」

CASE 19

老愛頂嘴

晚上的治療時間一到，阿珠奶奶就迫不及待開門進來，連聲告狀：「老師！這個孩子真的很不乖，跟他講道理都一直頂嘴，現在的小孩都沒大沒小！妳說這是要怎麼教啦！」

阿珠奶奶氣呼呼，茶茶在旁邊也氣呼呼，他說：「阿嬤都亂說，明明是她自己進來房間的時候，踢到我的書包，還怪我沒放好。我只是想跟她說我為什麼放在那裡，她就說我頂嘴，明明是因為我剛好在整理房間，所以才先放在地板上。上次也是這樣，她問我便當盒為什麼都不洗乾淨，我只是想回答她的問題，她就說我在頂嘴和找藉口！」

奶奶講一句，茶茶卻劈里啪啦的講了一長串，只見阿珠奶奶的臉色越來越僵、越來越難看。

19. 頂嘴是表達不滿的回話練習

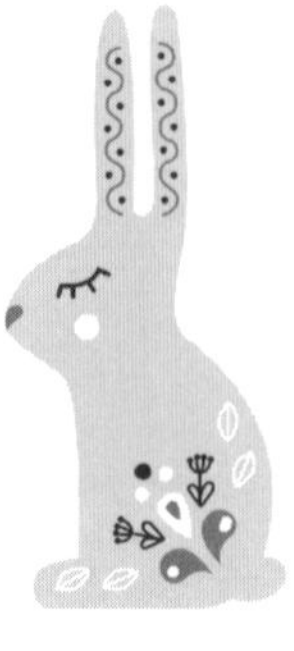

小孩為什麼要頂嘴呢？

要回答這個問題，首先我們得問問自己：頂嘴，到底是什麼？

我們可以從頂嘴常出現的情境來思考這個問題。最常見的就是父母對小孩做出一些要求或指正時，孩子若回話了，此時就會被視為頂嘴；若孩子的語氣不好，則更是火上加油。

大家有沒有發現，明明是回話，卻只因為口氣不好，就被視為頂嘴？那是因為在我們成長的經驗中，潛移默化的認為孩子應該要服從、大人則該有權威。

因此，當父母在指正孩子時，若孩子回嘴了，甚至態度不佳，大人就會覺得受到冒犯、覺得孩子不乖順，因而產生不舒服的感覺。

若是兩個成人在對話，同樣的回應內容，例如：

A：「你怎麼把東西放在這邊！害我踢到。」

B：「抱歉，因為我在整理房間，暫時放在那邊啦！」

此時，A或許會建議B要留意動線，但並不會覺得B在頂嘴，這是因為成人之間將彼此視為對等。

從這樣的例子，我們可以發現：**孩子頂嘴的本質是回話，他可能是要說明誤會、可能是要表達不滿**，但大人卻會覺得受到冒犯。其實，這是因為大人沒有真正將孩子視為對等的、應該被尊重的個體。我們可以針對孩子的語氣、態度，教導孩子**要調整語氣、要釋出善意**等，但若直接將孩子視為違逆、認為孩子面對責難就該閉嘴接受，那就失去了寶貴的對話機會了。

關注自己的狀態

在正向教養的過程中，我們除了關注孩子的狀態，同時也必須顧及自己的狀態，因為父母自身的狀態，也會影響教養行為。

這個過程十分類似心理治療中對自我狀態的觀察和了解。我們就像個觀察者一樣，從旁觀察自己的狀態和反應，然後去思考「我做了什麼反應」、「這些反應是因什麼樣的狀況而挑起的」、「我為什麼會做出這樣的反應」、「當下發生的事情，讓我想起什麼」、「我真正的感受是什麼」、「我的行為背後，出發點是什麼」等。

例如，我曾經遇過家長因為孩子不願意上才藝課而大發雷霆，事後討論時，家長發現了自己原來是這樣的心路歷程：

- 我做了什麼反應？↓我生氣的罵孩子。
- 這些反應是被什麼狀況挑起的？↓孩子說他不上課。
- 我為什麼會做出這樣的反應？↓我覺得他辜負我們。
- 當下的狀況，讓我想起什麼？↓小時候很想上課、很羨慕其他孩子。
- 我真正的感受是什麼？↓挫敗、焦慮。
- 我的行為背後，出發點是什麼？↓我太愛他、太重視他了！我當年的遺憾，不希望他再經歷一次。

經過上述的思考，我們就會發現盲點在於孩子的反應勾起了自己的遺憾，而非真的是孩子的行為多麼大逆不道。

而頂嘴會令我們覺得難以接受，很多時候挑起的深層感受，其實是大人**擔心孩子頂嘴等於自己沒威嚴、無力管教小孩或是在教養上「不成功」，等於自己是個失敗的家長**，因而希望孩子言聽計從，以「證明」自己是個成功的家長。當我們重新看待頂嘴這個行為，並非「孩子爬到我頭上，放任他這樣，我還算個父母嗎？」，而是「孩子在回應我的問題，只是語氣太衝，需要改善語氣」。此時，可行的處理方式就呼之欲出了。

只要去觀察自己的情緒反應，並且加以思索，其實很容易發現過往經驗對我們行為的影響。我們並非要阻絕這些經歷帶來的任何影響，但是如果這些過往經驗束縛了自己，甚至阻礙了我們向孩子傳遞愛與肯定，以及對他們的重視和支持，那麼就必須及時修正。

你也可以做到的正向教養對話練習

由於我們的成長經驗，已經將「孩子必須服從大人」的價值觀深植於心，所以當孩子回嘴時，一時之間難免還是會有情緒。

當你覺得孩子的回應方式不妥時，建議深呼吸一口氣，提醒自己「孩子跟我們是對等的」，並將孩子視為成人來對話，通常很有幫助。此外，你可以試試看以下這些方法。

● **「演」給孩子看**

幽默是最基礎的人際相處技巧，不管是在成人或親子之間，都非常好用。我們可以誇張的抓著胸口，一邊倒地一邊說：「噢！你的話就像一把箭，深深刺傷了我。」也可以假裝沒聽到，說：「嗯？我的耳朵最近內建禮貌過濾器，沒有禮貌的話都會自動過濾掉，你剛剛有說話嗎？」

或者在孩子說媽媽屁股大的時候，淡定的說：「是啊！我的屁股越來越大了，以後可能需要一次坐兩個位子，這樣你可能沒辦法上車了，好可惜喔！」

● **冷處理**

當我們覺得孩子頂嘴、感到被冒犯時，很容易想回話或反駁，卻會演變成一來一往的衝突。維持淡定，通常是有效停止對方繼續講下去的最佳方式。當孩子的言詞不當時，只要我們做好心理準備、調適好自己的情緒並冷靜以對，等到氣氛趨緩後，再跟孩子討論更好的對話方式。

我們要時時提醒自己：在這種情境中，重要的是**尊重彼此的對話方式**，而非無條件的順從大人，所以針對孩子沒有禮貌的說話方式，還是可以跟孩子好好討論。

POINT

關注自己的狀態，幽默以對加冷處理。

✕「我在跟你說話，你那是什麼語氣呀？你再給我這樣沒大沒小試試看！」

○「嗯？我的耳朵最近內建禮貌過濾器，沒有禮貌的話都會自動過濾掉，你剛剛有說話嗎？」

CASE 20

遇到困難就說：「媽媽，幫我」

「媽媽幫我！」小步拉著外套要媽媽幫他穿、幫他扣上，媽媽聽了卻猛翻白眼：「已經教過你那麼多次了！你明明會的，自己穿！」小步不死心，垮著臉嘟嘴繼續拜託媽媽：「不要，我不會，妳幫我啦！」

眼看再不出門又要遲到了，媽媽一邊碎唸，一邊快手幫小步扣上釦子，然後催促小步趕快去拿東西準備出門。此時……「媽媽，幫我！」小步的聲音再度響起，這次他一手拿著鞋子，一手拿著上學要帶的畫筆、作業、水壺等各種東西，書包還在地上拖著，滿手東西，萬分艱難的出現在媽媽眼前，再度拜託媽媽相救。

媽媽看了差點沒氣昏，穿鞋、收拾書包，這些明明小步都會做，但每天早上他都要這樣「盧」一次。回家後的作業也是，即使是他擅長的畫畫，也硬要大人幫忙，讓媽媽好想問：到底該怎麼做，才能讓孩子不那麼依賴？

20. 完美父母不存在，請讓孩子自己練習

為什麼孩子什麼都要爸媽幫忙、都不自己動手？難道我生了個懶惰蟲嗎？

其實不是的，還記得小小孩時期，孩子什麼都想自己來、什麼都想試試看嗎？其實，孩子天生就具有很強烈的嘗試動機，會想要自己動手，只是在成長的過程中，許多動機可能一不小心就被抹滅了。

孩子失去動機的第一個原因，往往是「覺得自己做不好」。例如，許多父母會在孩子第一次扣上釦子、綁上鞋帶、紮了頭髮，喜孜孜前來炫耀的時候，忍不住點出不完美的地方，或是忽略了孩子閃亮亮眼神裡的成就感，脫口而出：**「你看你扣子沒對好啊！」、「頭髮都歪一邊了」、或是明明心裡很開心，卻還是要「損」一下孩子：「綁個鞋帶教那麼多次才學會，有什麼好得意的！」**也有些大人，順手就幫孩子重新再做一次。

即使有些父母會覺得自己只是在跟孩子開玩笑、在教他，但對孩子來說，這樣的

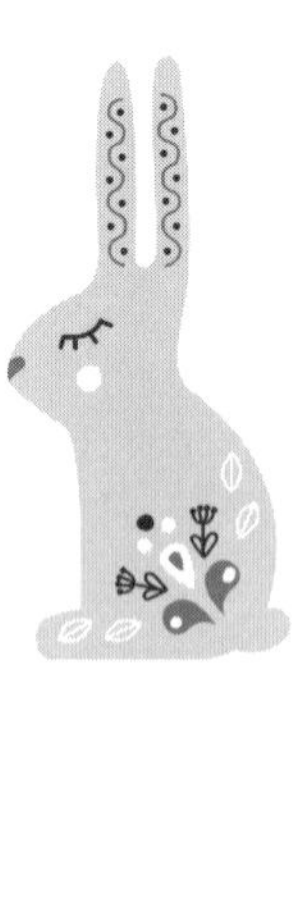

言行就猶如冷水澆頭。幾次之後，自然不會想再自己嘗試什麼事情。

孩子失去動機的第二個原因，則是「真的做不來」，也就是能力不足。這常發生在父母總是幫孩子「做好做滿」的狀況，例如幫孩子綁鞋帶、整理書包。其實，大人本意通常不是要寵孩子，而是因為趕時間，所以自己做比較快，卻因此剝奪了孩子練習的機會，等到大人希望孩子自己動手時，孩子卻無能為力。

孩子做不到也沒關係，父母也是

其實很多人知道，要讓孩子獨立不依賴，關鍵就是家長要放手讓孩子勇於嘗試，但是「放手」說起來容易，對許多家長來說卻不容易。這並不是我們做不到，而是有時大人自己也過度追求完美，因而太努力於追尋成為「完美家長」、帶出「完美小孩」，而忽略了孩子需要練習。

家長追求完美、孩子表現亮眼，這有什麼不好嗎？

追求完美的家長，可以砥礪孩子展現出更好的表現，有些時候，這樣並沒有什麼問題，但是有時，也容易產生一些影響。

最容易出現的問題是：孩子會時時處在一種焦慮之中——**我必須表現得很好，才**

能得到大人的愛和肯定，也就是說，孩子感受到的並非無條件的愛與支持。當愛與肯定伴隨著條件，孩子終其一生會很難獲得自在安然的心理狀態。因為他們會時時擔心自己一旦不夠好，就會被屏棄、就會被忽略。因此，只能戰戰兢兢，永遠覺得有雙眼睛在檢視自己的表現。

另一方面，相信「我必須夠好，才值得被愛」的孩子，也比較**容易在遭遇挫敗時一蹶不振**。因為在挫敗時，他們會認為「我失敗了、我錯了、我不完美」，就代表著「我是個沒價值、不值得被大人重視的人」，因而失去努力的動機，或是在一開始就因為怕失敗而拒絕嘗試。

相較於此，若我們傳遞給孩子的訊息是「無論你是否完美，我都很愛你」、「失敗了、犯錯了也沒關係，我願意陪你繼續努力」，那麼孩子會對自己更有信心，也更願意嘗試。

每個人在內心深處所相信，涉及到愛、情感，以及價值感的想法，我們稱為信念，這種「**孩子必須表現得夠好，才代表我是個好家長**」是一種**非理性的信念**。此外，像是「我必須回應孩子的所有需求，才是好媽媽」、「我必須被所有人喜愛和肯定，我才是有價值的人」、「我得掌控小孩和家人的一切細節，否則就會失控」等，也都是許多父母很容易會有的想法。

圖 3-2　信念與教養的關係

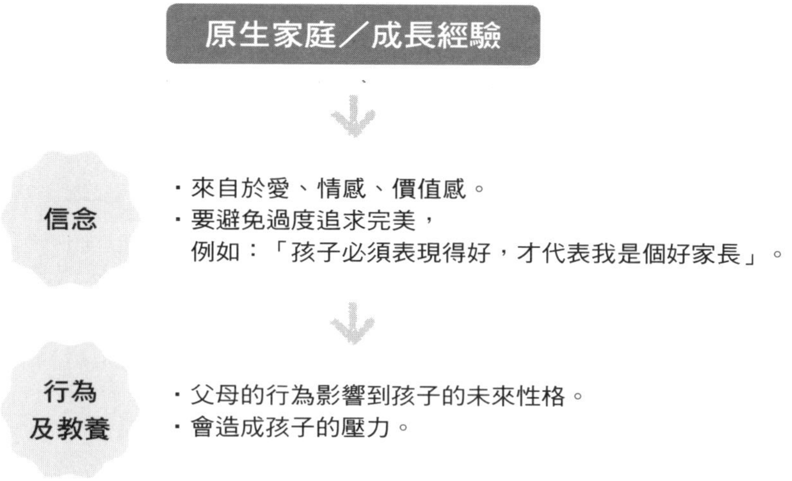
原生家庭／成長經驗
信念
・來自於愛、情感、價值感。
・要避免過度追求完美，
例如：「孩子必須表現得好，才代表我是個好家長」。
行為
及教養
・父母的行為影響到孩子的未來性格。
・會造成孩子的壓力。

如上方圖3-2所示，信念會影響行為，而家長的行為則會形塑孩子日後的性格。

這些信念通常來自於我們自己的成長經驗，包含我們的原生家庭所帶來的。

然而，很多時候，這些非理性的信念也深深影響著我們，帶給我們許多辛苦的時刻。

世界上並沒有絕對正確與完美的信念或價值觀，但是作為家長，必須有意識的去思考自己在教養孩子的方法上，受到了哪些信念的影響，以及這些影響是否是我們希望帶給孩子的、是否會對孩子造成傷害的。

你也可以做到的正向教養對話練習

要讓孩子變得獨立自主，可以試試這些方法：

● 從肯定、鼓勵細節開始

無論大人小孩，一旦被肯定了，都會更有動力繼續努力、再次嘗試。試著在日常生活中找到孩子任何一點「主動」的事情，並且大大鼓勵他們，像是「你今天主動幫大家分筷子耶！謝謝你的幫忙！」、「我注意到你早上自己摺衣服，褲子摺得很仔細、很整齊耶！」、「跟車子有關的事情你最喜歡了！還有什麼類型是你也覺得自己做得很棒的？」這樣的話語會讓孩子逐漸增加動機（按：更多關於鼓勵的技巧，可以看第七十八頁）。

● 把家事變遊戲，再討厭都好玩

樂趣會讓人想持續做一件事情。我們只要花一點點心思，把事情變得有趣，跟孩子一起動手，就能輕易把討厭的事情變成特殊時刻。

例如，把「髒衣服丟到洗衣籃」變成投籃比賽、把「幫忙準備晚餐」變成限時開放的廚房小實驗室、把「玩具歸位」變成尋寶競賽。

● 要孩子自動自發？使用直述句

許多父母好像很容易不知不覺囉唆鬼上身，一直碎唸、抱怨、催促，這樣的說話方式，會讓孩子心理產生厭惡感，反而會更不想去做。

因此，與其說「你老是把東西丟得到處都是」、「都幾點了你還在看電視？」，不如試著換成**直述句**：**「時間到了，我們去睡覺吧！」**、**「該收拾玩具囉！」**然後起身一起進行，孩子的「回頭率」會提高很多喔！

POINT

讓孩子自己練習，是放手的第一步。

✕「都幾點了你還在看電視？」

○「時間到了，我們去睡覺吧！」

CASE 21

長輩的過度寵溺

三歲的奇奇一家人跟爺爺、奶奶住在一起，吃飯的時候是奇奇媽媽最頭痛的時刻了，因為奇奇很挑食、吃得很慢，而且吃飯老是跑來跑去、不肯坐在椅子上。

奇奇媽媽想訓練他坐在椅子上乖乖把飯吃完，但是每次奇奇開始耍賴不吃，甚至鬧脾氣時，奇奇的爺爺、奶奶就會出聲說：「哎唷，你不想吃喔？我開電視給你看，好不好？我們一邊看一邊吃，你最乖了！來，阿嬤餵！」

奇奇媽媽也說明過了、也阻止過了，可是長輩總是說奇奇還小、不要這麼嚴厲，讓奇奇媽媽好氣餒。

最讓奇奇媽媽無奈的是，其實奇奇自己在家是可以好好把飯吃完的，但只要爺爺、奶奶在，奇奇就是特別會耍性子，擺明吃定爺爺、奶奶總是寵著他，讓奇奇媽媽又氣又無奈。

21. 教養要聽誰的？照顧者間的權力爭奪戰

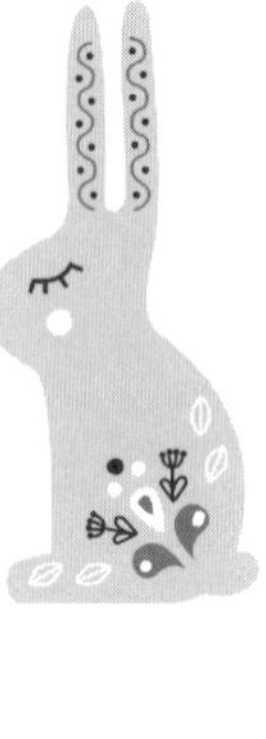

孩子「吃定某個人」其實是非常普遍，也非常正常的。想想我們自己面對不同風格的上司、朋友，是不是多少也會採取不一樣的互動方式和態度？有些較輕鬆、有些較嚴肅、有些還會開個玩笑，甚至耍任性。

人與人之間的相處，本來就會因為彼此個性而激盪出不同樣貌，總是一個模子、毫不變通的人，反而在人際關係上會處處碰壁。

一般來說，孩子可以在不同照顧者之間自由調整並保有彈性調整的空間。不過，若是孩子這種「靠勢」（khò-sè，臺語，仗勢、仗恃的意思）的狀況，已經嚴重影響到他的基本生活常規或是各方面能力的發展，那就需要特別處理了。

會嚴重到影響孩子基本能力發展的程度，通常是因為不同照顧者之間的常規標準差異太大。例如，兩個照顧者分別堅持自己吃飯、一邊看電視一邊餵飯；要求吃完正餐分量、零食點心隨意吃等。

當孩子在同一時間有兩個差異甚大的選擇，他自然會選擇比較輕鬆愜意的方式，久而久之，對於動作、語言等發展，以及跟照顧者之間的關係，都有不好的影響。

教養到底要聽誰的？你只是想爭一口氣

照顧者之間的「權力爭奪」，其實是家庭中很常見的劇本。很多時候，這之間的較量，已不單純是教養方式孰優孰劣的爭論，而是**「爭一口氣」的競爭關係**。

為什麼會演變至此呢？其實跟所謂的「家庭動力」有關。在一個家庭中，每個角色之間的關係都會互相牽動、各自有其功能，而其實不只家庭，在學校、職場也都一樣。這些角色分配，會受到每個人個性的影響，也會受到社會期待、價值觀的影響。所以，有些人在家庭中總是那個發號施令的、有些則是聽命行事的；而有些角色則會有比較鮮明的社會期待，例如傳統上認為女性應該負擔較多家務、晚輩應該服從等。

說到這邊，想必有些人已經開始升起不滿的情緒了吧？沒錯，這些外在的期待，不見得跟個人的期許、意願相符，於是就會出現關係上的較量、抗爭。**抗爭的對象看似家庭中的某些人，但實際卻是對社會的枷鎖提出不滿**，例如：我偏不要當一個乖順、沒有意見的子女、我厭惡女性總是被認為應該負責顧小孩。

因此，有些時候我們堅持某些教養原則，並不一定是其他人的方式不對、不好，而是「**我不想讓你作主**」——這是我的孩子、我是他最重要的人、我要有完整的權力決定跟他有關的任何事情。正因為這樣，看到其他人干涉教養，背後挑起的不舒服感受是十分複雜的。

若發現自己陷入這樣的權力爭奪窘境，我們需要停下來問問自己：生養孩子，對我來說的目的是什麼？我在教養的歷程中，我真正在意的是什麼呢？而目前讓我感到不舒服的關鍵因素，又是什麼呢？

若是我們在意的是孩子能明辨是非、有禮貌、有同理心、健康、能獨立思考、跟家人關係緊密，那我們在面對這些家庭關係的挑戰時，就要採取理性的處理方式，讓孩子看到我們如何面對衝突、如何做出價值選擇。

正所謂「Children see, children do.」，父母的行為深深影響著孩子；**教養，就發生在我們的每一個選擇中**。

你也可以做到的正向教養對話練習

遇到教養方式不一的狀況，該怎麼辦呢？

● 大人之間的事，大人自己解決

孩子會這樣，是因為大人之間標準不一致。

此時單純要求孩子是沒有用的，必須從問題的根源著手，也就是大人之間必須協調出單一的標準並列出原則，才能改善孩子的狀況。

該溝通就溝通，該果斷就果斷，該面對就面對，才能為珍愛的孩子帶來真正有益的結果。

● 肯定對方並給予替代方法

很多時候，我們看著其他照顧者的照顧方式和行為標準，就是會覺得不太順眼、覺得心裡不舒坦。那是因為，我們的感受其實已經受到許多過往經驗、個人價值判斷的影響，很難單純去看待。

此時，試試看跳脫原本角色，用正向的出發點解讀彼此的言行，有時會發現並不需要「除之而後快」。

每個照顧者，大抵也都是以自己覺得好的方式在善待孩子。肯定對方的心意，提供可接受的替代方法，可以讓彼此的情緒都舒緩下來。

● 必要時減少接觸，直到孩子的能力已經具備

有時，不同照顧者間不一致的狀況實在太嚴重了，溝通、討論都無法奏效，而孩子的行為、常規卻已經受到影響，此時，或許可考慮暫時性的隔離，例如：暫時不在用餐時間前往爺爺、奶奶家。

這麼做不是賭氣、情感勒索（並非刻意不讓孩子接觸其他照顧者），而是降低照顧者不同調的狀況，等到孩子的行為有所改善之後，再與其他照顧者見面，就可以減少許多衝突。

● 為孩子設定一天「自由日」

如同前面所說，許多大人行為標準不同，但出發點通常是善意。此時我們也可以問問自己：是否有些標準，可以適度放寬，降低標準呢？

例如：孩子每週有一天「不用自己吃飯日」、可以挑一樣零食吃、每餐可以選擇一道菜不用吃。增加一些彈性，增加的是生活中面對衝突的韌性。

POINT

大人之間先進行溝通，並信任彼此的善意。

✕ 這是我的孩子，我自己作主。

○ 增加教養彈性，並給予替代方法。

CASE 22

喜歡爸爸還是媽媽？

那天跟朋友聚餐，大家聊起小孩話題都滔滔不絕，唯有金金媽媽臉色有點黯淡。大家關切她怎麼了，想不到金金媽忍不住就掉下眼淚，她說金金一直都比較喜歡爸爸，尤其最近迷上樂高和溜冰，更是每天指定爸爸陪玩。

一開始她是為了圖個空檔可以專心做家事或是喘口氣，所以都樂得讓金金去找爸爸，想不到他們兩個現在成了最佳拍檔。

無論在家還是在外，兩人討論的都是樂高目前的進度、想買的零件、新上市的組合，走在路上還會一起注意各種交通工具，週末更是迫不及待的一起出門溜冰。

雖然大家都安慰她這樣很好、比較輕鬆，但是看到金金跟爸爸玩得不亦樂乎，有時還直接拒絕她的加入，心底總是酸酸的。金金媽媽自問照顧孩子盡心盡力，每天準備餐點、打理生活起居，可是卻比不上只負責陪玩的爸爸，真不知道怎麼改變這個困境。

22. 當小小寶貝不再黏你了，不用假裝堅強

不只是金金媽媽，很多爸爸也常心酸的說孩子都只黏媽媽，尤其需要安撫的時候，更是哭喊著只要媽媽，爸爸聽了也很心碎。事實上，不管家長的性別為何，就算是同性家長，家庭中也會出現這樣的場景，甚至還會出現彼此都覺得孩子比較黏對方的情形。為什麼會這樣呢？

孩子會這樣「**挑人**」，第一個原因是**每個照顧者對他的角色功能不同**，就好像有些朋友是談心的、有些是一起登山的、有些是吃美食的。不同的照顧者，對孩子來說的關鍵功能也不一樣，所以才會出現「**想睡的時候只要A**、**想玩的時候只要B**、**想吃飯的時候只要C**」的狀況。這是很正常的，這表示我們在這個角色上扮演得特別好。

孩子「偏心」的另一個原因，跟他所處的發展階段有關。以年幼的孩子來說，因為需要大量的生理照顧和情緒安撫，所以通常能夠提供吃喝滿足的照顧者，會成為他主要的依附對象。然而，隨著孩子逐漸長大，就會轉移至陪伴的需求，此時能提供安

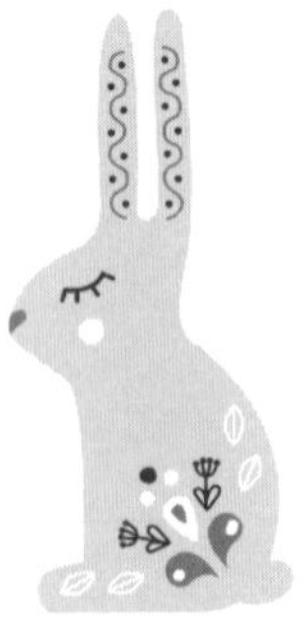

定陪伴的照顧者，就會成為孩子心中的主角，這些需求之後還會慢慢演變成陪玩的、一起討論事情的。

最後一個，也是最現實的，就是**誰陪伴的時間多、品質好**。畢竟關係是需要培養的，如果有個照顧者很少出現，就算一出現就送禮物、就玩得很開心，但是當孩子真的要求助、尋求安撫時，陪伴時間多且品質好的照顧者，才會成為孩子真正的選擇。

吃醋、覺得不被孩子需要……你不必逼自己成為更堅強的大人

為什麼孩子跟另一半很親近，我們會吃醋呢？這有幾個原因，其一是每個人都有「被需要的需求」，也就是知道世界上有人很需要我，會讓我覺得自己很棒、很重要。所以當孩子需要的對象不是我，那就好像自己的價值被否定了，所以很難受。

我們會難受的另一個原因，則常是因為**自己內心的標準受到了質疑**，這些標準是很難覺察的，像是：「老婆就是應該把家裡打理好」、「要犧牲奉獻，才代表我是個好父母」。因此，當孩子拒絕我們、當另一半說家裡有點髒，就好像這些標準沒有達成，而令許多人感到不安。

這些標準來自於我們的過去經驗，逐步累積形成的價值判斷，但這些想法實在太

直覺了，以至於我們很少進一步去思考，例如：「這些想法怎麼來的？」、「這些想法合理嗎？」、「這些想法適用我的狀況嗎？」等。於是，在事情不符合這些內心的預期時，就會讓我們產生很不舒服的感受，像是生氣、挫折、覺得受傷等。有時候，也因此沒有辦法接納其他人的意見，而錯失了許多援助。

首先，我們要問問自己是否已先入為主？試著跳脫這些僵化的框架，才有可能比較客觀的看到外部援助的價值。

若還是覺得難以判斷的話，還有一個很重要的做法，就是重新思索教養的「長期目標」（按：請參考第六十八頁）。想一想對我們來說，在教養上特別看重的價值有哪些？像是手足關係、孩子的自信、幽默感、關愛他人的能力、良好的親子關係等，從這些價值出發，由此判斷身邊的支援，將更容易找出教養路上的助力與阻力。

你也可以做到的正向教養對話練習

如果孩子特別喜歡你的另一半，我們可以怎麼做呢？

● 提供好品質的陪伴

好的陪伴品質，關鍵要素就是「用心、專心」，認真的陪孩子，以孩子為主體進行活動。例如：由孩子選擇他喜愛的遊戲內容、由孩子決定玩法，而我們只要單純當個熱切的參與者，跟隨孩子的步伐進行遊戲。這樣的陪伴，比起新穎華麗的玩具，更能吸引孩子的心。

● 將角色轉為「啦啦隊」

除了設法提升我們在孩子心中的分量，有時也要提醒自己：孩子每個階段需要的陪伴方式不同，孩子現在需要的，或許並不是我們有辦法給的。適時退在一旁給予加油，讓另一半跟孩子也建立起緊密的關係，其實對孩子、對家庭也有長遠的好處。

● 正視自己的失落感受

深愛的孩子選擇的陪伴對象不是我，這確實可能讓人很受挫。若是感到失落、感到受傷，不必假裝堅強或不在意，否定自己的感受會讓我們更脆弱，而不是變成更堅強的大人。

告訴自己：「孩子選擇跟另一半玩，我真的很失落，但我很努力覺察自己，仍然是個很棒的父母！」給自己一點肯定，然後做一些可以轉換心情的事情。

POINT

不必成為更堅強的大人。

✕ 否定自己的價值，覺得孩子不需要自己。

〇 接受自己的感受，了解孩子每階段需要的陪伴方式都不同。

CASE 23

出現退化行為，例如尿床

「你怎麼又尿床了！我真的要被搞瘋了！」一早，媽媽挫折又生氣的說。

潤潤快五歲了，兩、三歲就已經戒了尿布，一直都沒有尿床的問題，但是這個月以來，他卻已經第五次尿床了！他甚至還要求媽媽重新讓他包尿布睡覺，但被媽媽一口回絕：「都長這麼大了，包尿布能看嗎？」。

不只是尿床問題，潤潤最近也變得很不獨立，明明可以自行入睡，最近卻常常吵著要爸媽陪睡，或是在半夜抱著枕頭過來說自己害怕、想要跟爸媽一起睡。白天玩玩具時，好像也變得很難忍受挫折，本來玩樂高玩得好好的，一個不小心弄壞了戰艦，竟然嚎啕大哭起來，賭氣的說不要玩了！

上個月底媽媽剛生了妹妹，事隔五年，爸媽幾乎忘了照顧新生兒有多累人，每天在嬰兒的把屎把尿中暈頭轉向，偏偏遇上潤潤出現這麼多狀況，讓爸媽忍不住懷疑潤潤變成這樣根本是故意找碴，快要對他失去耐性了。

23. 先給安全感，再處理問題

心思細膩的你，大概已經猜到潤潤變成這樣的原因了。

關鍵就在於上個月底發生的大事：妹妹的出生。年幼手足的出生，對於排行前面的孩子而言，是非常大的危機與威脅，最基本而現實的原因，就是「爸媽的注意力和時間被搶走了」。

過往全心全意、專屬於大寶的爸媽，突然之間把許多心力轉移到年幼的手足身上：沒有時間陪我玩、我的需求沒有辦法馬上獲得回應、寶寶在睡覺時不能大聲、寶寶在哭的時候要先哄他、因為寶寶還太小，很多地方都不能去……。

大寶說「大」，其實也仍然是個孩子，面對這種狀況，心理上會出現很大的受威脅感，進而啟動與生俱來的保護機制。這種天生的機制，是為了讓自己不要太痛苦。

其中一種保護機制，展現出來的就是所謂的「退化行為」，因為大腦想證明：只要我再次變得年幼、脆弱、無能為力，就能重新獲得爸媽的關注。

常見的退化行為表現，包括突然失去已經學會或獲得的能力（開始尿床）、要求

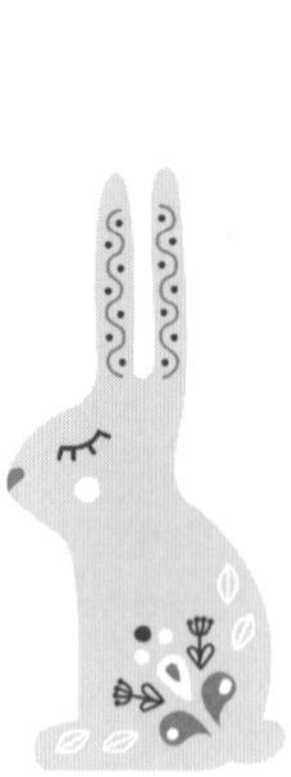

額外的陪伴（要求爸媽陪睡）、較難忍受挫折或負向情緒（例如一失敗就大哭，或是變得愛生氣），有些孩子想當小寶寶，甚至還會要求用奶瓶喝奶、包尿布。

此外，退化行為是孩子在面臨壓力時很常會出現的狀況，不只是弟弟妹妹出生，還包含轉學、搬家、轉換照顧者、被指責、受到不當對待等，都有可能出現。

如果我們只看到孩子層出不窮的問題，很容易覺得他們在找麻煩，但其實這些突然之間「不能」、「不會」的狀況，都是孩子在告訴我們他們的不安、難過、孤獨，或是需要更多的支持和信心。要改善這些狀況，不是去懲罰或限制，而是要給孩子更多的愛和再保證。

一個人的價值，不需要額外的感謝

不知道大家是否曾好奇，到底我們一生忙碌，扮演不同角色，是為了什麼？研究告訴我們，人做事情的動機，歸納到最後，其實都是「價值感」與「歸屬感」的尋求。

所謂的價值感，跟自信不太一樣，自信通常來自於自己某些能力不錯，因而對自己產生信心，但自我價值感指的是，「**對自己的接納與尊重**」。擁有足夠自我價值感的人，會理解**自己並不需要特別去做什麼、達到什麼表現，來證明自己有價值**。相反的，自我價值感不足的人，則會一直擔心自己若沒有刻苦付出犧牲奉獻，或是達到出類拔萃的成就，自己就是沒有價值、不值得被肯定的。

家庭或學校、職場上很常有這樣的角色。那個最早起、最晚睡、總是最後一個吃飯、擔起所有家事，但是同時又常生氣自己的付出沒有被看到、沒有被感謝、沒有被想到。之所以會這麼衝突，就是**因為價值感不足的人，需要透過他人的肯定、感謝，來證明自己**存在於這個群體是有價值的，所以一旦沒有被感謝、沒有被看見，就會感到受傷又憤怒。

而自我價值感是來自於成長歷程中，身邊的人——尤其是照顧者，所給予的訊息，慢慢累積而成的。

如果照顧者總是說「你考一百分好棒！」、「你很聽話，我最喜歡你」、「你長大了，不可以亂哭才乖」，孩子就會逐漸學到：「我要表現好才是好孩子」、「我要聽大人的話才會被喜歡」、「長大代表要面對很多討厭的事情，我想一直當脆弱無助的幼兒」。

我們要讓孩子知道：**無論他成功或失敗、開心或生氣、表現得好還是不好，我們都一樣愛他、毫無條件**，他不需要表現傑出，也不需要假裝軟弱。我們會對他的行為生氣失望，但不會影響對他的在乎與愛。如此，孩子才能堅定的相信：我是一個值得愛的、有價值的人，進而能夠大步向前。

你也可以做到的正向教養對話練習

退化行為的背後原因是不安，而且是很強烈的不安，因此需要**優先處理的是情緒的需求，而非退化行為本身**。如果只求防堵那些行為，卻沒有在情緒上補足需求，孩子只會更加焦慮、讓問題變得更嚴重。

在這段時間裡，孩子可能會反覆確認大人是否愛他，此時由於孩子特別脆弱，大人要盡可能的給予保證，同時也反覆同理孩子的感受。即使感到有點煩人，也要努力不失去耐性（見下頁圖3-3）。

當孩子的不安情緒較為緩和、重新感到安全之後，再慢慢開始調整行為、回到常軌——很多時候，當情緒需求被滿足了，行為困擾都還沒開始處理，就自行煙消雲散了呢！

若生活上將會有些重大轉變，像是迎接新生兒、轉學、搬家，那麼我們可以事先告知孩子會發生哪些事、會發生哪些細節、生活會有哪些轉變等。此外，也可以一併

圖 3-3 退化行為的處理方法

STEP 1 **處理情緒需求**

- 父母應盡可能給予保證，反覆同理孩子的感受，以增加安全感。
- 可預先告知生活上將有哪些重大轉變，並且給予策略方法。

↓

STEP 2 **調整退化行為**

- 可適度放鬆平常的規定，盡可能陪伴孩子，以減少孩子的焦慮。

讓孩子知道：面對這些轉變，他如果覺得脆弱、害怕、擔心、難過，可以怎麼做。

或是，透過遊戲重現與孩子生活事件相仿的情節，並偷偷加入因應這些狀況的處理方式。例如：面對挑釁的同學，可以大聲拒絕、跟老師求救、打電話給家長等，藉此給予孩子一些信心。

● 放鬆平常的要求及限制

先找出令孩子不安的源頭，並判斷是否有必要移除焦慮源、終止引發焦慮的狀況。例如：單獨帶孩子去外地玩幾天、先請假幾天、轉學等；焦慮的源頭若涉及體罰、兒虐，則需要通報並立刻就醫。

在孩子特別脆弱的這段期間裡，可以暫時對一些常規放鬆要求，例如：本來自己睡，可破例來跟大人睡、暫時包上尿布等。接著，盡可能提供孩子大量的陪伴，一起從事一些放鬆、舒緩的活動，以適度轉移孩子的焦慮狀態。

POINT

在防堵、制止退化行為之前，請先安撫孩子的情緒。

✕

「你是大哥哥了，要讓弟弟。」

「你長大了，不可以一直要媽媽抱，媽媽需要照顧妹妹。」

○

「妹妹出生了，爸比媽咪最近都比較忙，你也好想要我們抱抱你，對嗎？」

「你變成哥哥，我們還是一樣愛你喔！」

「你想要撒嬌秀秀，還是可以來給我們抱抱呀！」

CASE 24

大寶和二寶整天都在吵

管管跟弟弟只差一歲，原本爸媽希望他們成為彼此最好最親密的夥伴，可惜他們好像不對盤，從小就看彼此不順眼，整天都在吵架、打架，永遠都在爭相告狀。

管管的口語表達能力比較弱，白話一點就是不善言辭，此外也不像弟弟那麼機靈、會看臉色，因此常常在弟弟告狀時因為講不清楚，而挫折得大哭。或許是因為這樣，管管總是對弟弟很有敵意，不讓弟弟碰他的東西、不喜歡跟弟弟一起出門，常常想霸占大人，不讓大人陪弟弟。

隨著兩人逐漸長大，情況變本加厲，管管的情緒變得更不穩定，而且開始做惡夢，常常說不要回家、大家都不愛他。

後來，管管在幼兒園放學之後居然自己跑去躲起來，讓大家找得人仰馬翻；原因是「我不要回有弟弟的家」，讓大人不知如何是好，只好帶來找心理師求救。

24. 建立專屬的「偽獨生子女時光」

手足議題，幾乎是有兩個孩子以上的家庭，必然遇到的狀況。事實上，很久以前的心理學研究就已經告訴我們：**出生順序會影響個人的性格發展**，因為照顧者就像是珍貴的生存資源，這個生存資源是豐沛、穩定，還是匱乏、有限，會大大的影響個體的行為表現。

而手足議題，大多就是競爭資源所帶來的結果：每個孩子都想獨占父母的愛，於是產生了競爭關係。其實這是**演化來的結果**，在原始的世界中，若危機來臨需要逃命，能夠占有父母優先關注的子代，比較容易在性命交關之時被父母選擇帶走，繼而能夠存活。

在迎接弟弟妹妹時的長子女，一定感受最深。照顧者資源原本穩定豐沛而令人安心，頓時被瓜分掉一半以上，怎麼可能不引發生存焦慮？

孩子爭執時，若能想到他們是想告訴我們：對大人的在乎和重視、深怕失去父母

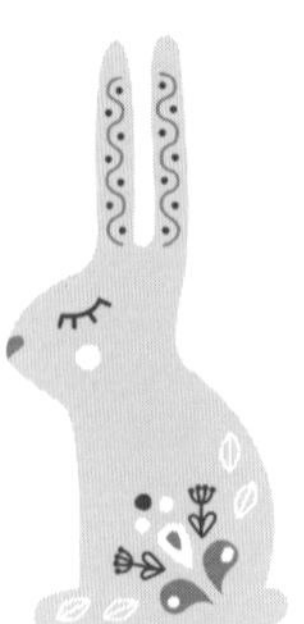

的愛，那些吵鬧爭執是否不再那麼刺眼、讓人頓時覺得心軟了呢？

還記得第一章提到的長期目標（參第六十八頁）嗎？你在教養上的長期目標是什麼呢？

自信、自愛、自律，是很多家長的長期目標，會希望孩子成人的時候能夠具備這些特質，而如同前一小節在談價值感時提到的，我們會願意做某些行為，其原因大都脫離不了價值感與歸屬感，也就是說，這是我們做事的根本性動機。

若說價值感讓我們安適自得、不汲汲營營，那歸屬感就是讓我們感到安心、安全，能夠放心探索世界。一個孩子若知道照顧者不會無故消失、知道他的家庭總是張開雙手接納他，知道自己在家庭是重要的、被在乎的個體，那麼他就會有歸屬感。

有意思的是，**歸屬感也會透過「付出」而更加強化**。當孩子有機會貢獻他的心力，幫忙做家事、幫大人的忙，他會感到跟這個家有了更深的連結，就好像當我們擔任幹部為班級付出、在社團中擔任志願工作，都會讓我們有更深的參與感，而這個參與感會帶來歸屬感。

當孩子或我們，對於家庭有了歸屬感，我們會更有動機貢獻心力，而在貢獻心力之後，我們又對家庭有了更深厚的連結、產生更強化的歸屬感受，一個正向的循環於焉成形。

在孩子的能力範圍內，讓孩子參與家務及承擔家庭中的責任，就是讓孩子產生歸屬感的最好方式，這也是正向教養概念中，對於每個成員的尊重、對等概念，最佳的落實方式。

你也可以做到的正向教養對話練習

要處理手足相處問題，我們可以這樣做：

● 找到專屬亮點

每個孩子都想被看到、被在乎，找到專屬於他們自己的亮點，像是：細心幫忙、友善熱情等，經常關注孩子專屬的特質，讓他們發現不需要競爭、不需要比較，發揮特質的自己就是最棒的了！（可以搭配第二章「鼓勵」的用法）。

● 在生活中創造合作機會

製造機會讓孩子合作，並且避免介入。有一點挑戰性的活動最適合，例如：一起到超市買清單上的東西、規畫假日家庭出遊行程等。有時也可以在玩遊戲的時候，安排孩子們一國、大人一國，同仇敵愾的狀況下，會產生惺惺相惜、共患難的情感。

● 避免比較評論

「比較」這件事情本身就是一種競爭，大人卻常常脫口而出，造成孩子之間總是在較量。「弟弟比較乖」、「哥哥比較聰明」、「怎麼不學學哥哥自動自發？」、「哥哥像你這樣大的時候就不會○○」這些話都會讓孩子為了證明自己也很棒，而不斷設法打敗對方。

POINT

不比較，給專屬的時光。

✕「弟弟比較乖」、「哥哥比較聰明」

○透過有點挑戰的活動，創造合作機會。

第四章

正向教養，培養孩子未來關鍵能力

CASE 25

學習表現不理想

果果媽媽最近被老師找去學校，老師說果果上課都沒在聽，都在做自己的事情，學習進度跟不上同學。

大家最近在練習認識顏色、背唐詩、寫數字、學習自己上廁所擦屁股等生活習慣，果果一直都做不來。

媽媽聽了好訝異，決定回家努力惡補，結果發現果果好像總是心不在焉，媽媽要他練習寫數字，果果在旁邊畫畫；媽媽要他背唐詩，重複唸了好多次，果果還是記不起來。

最讓媽媽難過的是，媽媽想方設法幫助果果學習、鼓勵果果，他卻常常說：「我就是很笨，什麼都不會」。每當媽媽鼓勵果果再試一次，他就會丟下這句話後趁機跑掉。

看到果果這樣，媽媽忍不住難過的想：果果真的是個笨小孩嗎？還是他有什麼問題呢？

25. 學習方式只有適不適合，沒有最好

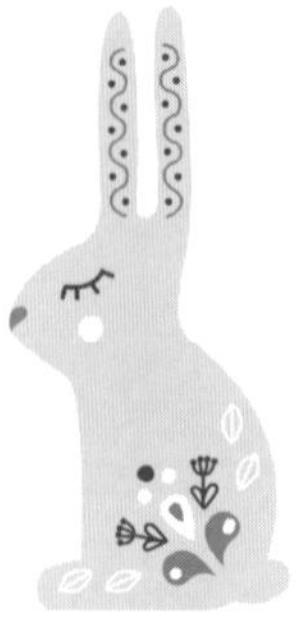

「學習」不只是成績考試，還包含各方面能力的提升。

在學齡前階段，孩子的學習力非常旺盛，也確實有很多能力是孩子必須在這段期間內學會的。在三歲以前，主要是在動作能力、基本語言能力的發展。在三歲以後，則以認知學習為主，除了一般的詞彙知識之外，進入了數字、字母、形狀等符號的識別階段，此外還有認知、動作、語言這些能力的整合運用，可以說正式進入了「知識學習」的年紀（見下頁圖4-1）。

會影響學習的因素非常多，最基本的是視力、聽力問題，例如有些孩子一直到進入幼兒園，才被發現具有先天的視力問題，看不清楚大人的示範，自然在學習上遇到困難。

除了視力、聽力這些知覺能力，還有注意力、理解力這些認知功能也會影響學習。有些孩子天生注意力較為短暫，或是容易分心，在學習上就不太適合傳統的被動

圖 4-1　學齡前的學習發展

3 歲以前　動作能力
基本語言能力發展

3 歲以後　認知學習：識別數字、字母、形狀
知識學習：整合認知、動作、語言

聽講模式。而理解力則是聽懂教學內容的基礎，理解力不足的孩子，就容易產生有聽沒有懂的狀況。

有時孩子的能力沒有任何問題，但是他的興趣卻不在此，或是缺乏動機，因此學習的表現也就不盡理想。

掌握上述這些影響學習的因素，才有機會協助孩子順利學習。

培養成長型思維

你覺得自己的數學能力怎麼樣？英語能力呢？行銷規畫能力呢？程式語言能力呢？你覺得如果付出努力，上述幾項中，你不擅長的項目，有辦法變得熟稔精通嗎？

針對學習動機，美國史丹佛大學心理學教授卡蘿・德威克（Carol Dweck）提出了一個關鍵的概念：「思維」（mindset），也就是一個人如何看待、相信某件事情。

她把人對於學習的思維分成兩種，分別是「固定型思維」（fixed mindset）和「成長型思維」（growth mindset）。「固定型思維」指的是，人的能力是與生俱來的、固定的，無法靠後天的努力而改變，所以若是數學科表現不好，抱持這樣信念的人，會認為「我就是不擅長數學，我放棄好了」。相反的，成長型思維的人，相信雖然每個人的能力有先天的差異，但是透過努力，是有可能改善與提升的。抱持這樣信念的人，當學習表現不好，他仍然會相信自己還是有機會改善表現，也因此在面對挫折、面對不理想的成績時，不會失去努力的動機。

但這種分法並不是絕對的。

為什麼會這樣說呢？大家有沒有發現前面舉例的數學、英語、行銷規畫能力和程式語言能力中，前兩項是義務教育階段中的學科、後兩項則不是？

有趣的地方就在於，同樣是不擅長這些項目，有許多人在學科部分會認為「我就不是這塊料」，但是**對於非學科**，則會覺得「若我當初進入的是這一行，**或許我也學得來」**。

這就是因為，在我們的求學歷程中，周遭環境所傳達出來的訊息，往往讓我們覺得自己好像「不是那塊料」，但是對於沒學過的項目，我們卻多半抱持著較為開放、希望的態度。

換言之，在教養上，有一個很關鍵的思考重點：若我們不希望孩子失去嘗試動機、學習動機，我們在孩子面對挫敗、學習表現不佳時，要讓他們**理解努力的價值**，**培養他們的成長型思維**，才能讓孩子願意再試試看。

你也可以做到的正向教養對話練習

有時候，我們大人會直覺認定孩子的學習狀況不理想，是因為不夠努力、不夠用心、不願意忍受辛苦。但很多時候，孩子是不能而非不為，可是他們小小的腦袋瓜，沒辦法自己發現困境，因此需要大人的幫忙。

仔細觀察孩子在不同項目、不同領域、用不同方式學習時，有沒有不同的表現，抽絲剝繭，就能發現關鍵處。

● 學習途徑只有最適合，沒有最好

「為什麼其他人都可以，就你不行？」你也有過這樣的質疑嗎？為什麼同樣的學

習方式，其他孩子就學得起來，我的孩子就不行？其實，每個孩子都可能是那個萬中選一的特別孩子，適合他的學習方式，可能真的跟其他人不同。

此外，我們還可以試著讓孩子自己操作、讓他當小老師、讓他站著學、讓他一邊聽音樂一邊學。我曾遇過一個孩子，他在桌子下鑽來鑽去時，背課文的效果最好呢！

● 什麼都學，找出興趣和動力

有些孩子會因為太簡單，或是對學習的內容沒興趣，而導致學習效果不盡理想。試著讓孩子多方嘗試，包括語文、數理以外，也可以試試運動、音樂、繪畫、空間建構（樂高）、棋弈、縫紉。從孩子的興趣去觀察，更可以發現吸引他的關鍵要素。

POINT

學習方法只有最適合，沒有最好。

✕「到底要教幾次，你才會記起來？」

「為什麼其他人都可以，就你不行？」

○ 理解孩子可能是不能而非不為，找出孩子最有興趣的學習方法。

CASE 26

坐不住，好動

公園裡，麥麥正攀在遊戲架的最頂端，笑得很開心，媽媽坐在遊戲場旁的矮牆上，有點欣慰，又有點無奈。

麥麥的體力一直非常好，從小就精力充沛，總是動個不停，每天一定要到戶外跑跳。若是天氣不好不能出門，就會不斷抱怨無聊、在家裡一直衝來衝去，外加說個不停，簡直要逼瘋大人。

有時跟其他有小孩的家庭一起出門，媽媽會默默羨慕朋友同年紀的小孩可以乖乖坐好吃飯，還能讓大人聊天。反觀麥麥不是在外面玩，就是話說個不停，讓媽媽很難好好吃完一餐。

其實，媽媽非常清楚這是麥麥的特質，並沒有特地要麥麥改變自己，還是每天幫麥麥安排了不同的體育活動，像是溜冰、籃球等。但是，有時長輩或其他家人的關切，還是會讓媽媽有點無奈，也希望麥麥能在自己的特質和大家的期待中取得平衡。

26. 與其教「不要動」，不如教「怎麼靜」

「動個不停」的狀況，在現在的孩子之中其實蠻普遍的，有幾種原因可能造成孩子這樣的表現（見下頁圖4-2）。

第一種原因，就是孩子的特質使然。如同在第二章所提到的「氣質」概念，「活動量」（見第一三〇頁）正是其中一種氣質特性。有些孩子天生的活動量需求就是比較大，就好像我們有些人比較外向、有些人比較敏感一樣，沒什麼對錯。

第二種原因，是日常活動量不夠，造成孩子好像動個不停，總是像蟲子一樣。在過去的生活環境中，我們有很多空間可以奔跑、爬高爬低、冒險和探索。

但是現在的孩子，尤其是都市孩子，一來待在學校和安親班、補習班等室內的時間變長了，二來也不再有那樣的空間可以奔馳，因此活動量普遍不太夠。但**動得夠其實是孩子的基本需求**，所以才會變得孩子好像靜不下來，殊不知當孩子動得夠了，會更容易靜得下來。

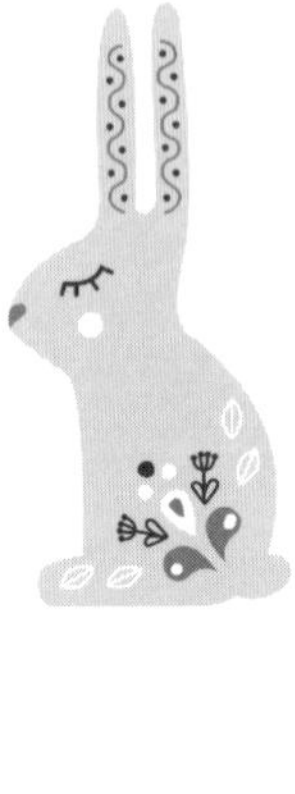

圖 4-2　孩子好動的可能原因

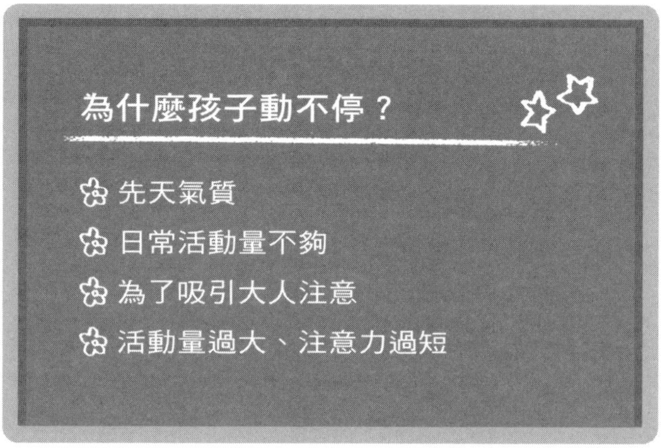

第三種原因，是有些孩子會透過在該安靜時動個不停，來吸引大人的注意。他們並非故意這樣，但是由於他們太渴望大人的關注，然後不小心發現搗蛋、動來動去會吸引大人和其他人的注意，於是便不由自主的一再這麼做。

第四種原因，則是孩子真的有一些活動量過大、注意力過短的問題，若是經過醫師、臨床心理師正式評估後確定孩子有這樣的狀況，就需要醫療上的專業協助。

你無法永遠幫孩子想辦法

雖然我們談了很多對孩子特質的理解，試著陪大家轉換視角，看到孩子的

「不能」而非「不為」，理解他們的困難和能力限制，但這並不代表我們永遠要負責幫他們想辦法、無限的包容和代勞。相反的，「理解需求」只是協助孩子接掌個人責任的第一步，最終，我們的目標是讓孩子能夠理解自己的能力限制、特質，並據此找到自立、自制的方式。

在兒童的發展歷程中，是**由「他律」逐漸轉向「自律」**的，他律指的就是由其他人來擔負起執法角色，由大人來告訴他們哪些可以做、哪些不行，「行為原則」是由大人來主掌。而當孩子進展到自律的階段，他們開始能夠抑制自己的欲望、期待，或依照內化後的標準來決定自己的行為。這個過程急不得，但也不是放著不管就會自然而然發生的。

首先，**認識自己的感受**、**特質**、**能力**，**是自律的基礎**。例如：孩子要先理解什麼是生氣、難過等感受，才能進一步學習在出現這些情緒時，可以怎麼表達及調節，而減少出現亂哭、亂發脾氣的狀況。

接下來，當孩子對自己能力限制、性格特質有所了解，就能逐漸發展出更進階的自律能力。

例如，當孩子開始了解自己比較喜歡寫數學、不喜歡練琴，或是每當要背課文就會很想睡覺，或是注意力只能持續十分鐘，孩子才能開始學習怎麼安排寫功課的順序、怎麼調整出合適的寫作業環境、怎麼在自己失去耐心時做一點不同的事情提振精神。

但是，每做一件事情，都要有動機，孩子無緣無故怎麼會願意自律、願意自我要求呢？這其中的關鍵，就在於我們是否讓孩子**感受到自己的價值感**，讓孩子相信自己有能力做得更好，並且願意試著挖掘出更棒的自己（關於價值感的建立，可以參考第二〇七頁）。

你也可以做到的正向教養對話練習

除了注意力和活動量問題、需要醫療協助的狀況，面對一般孩子動個不停，我們可以試試這些方法：

- **讓孩子動個夠，就會靜下來**

如同前面說的，一定的活動量，是每個孩子的正常需求。與其一直跟孩子的這種需求抗衡，不如正視它，**主動安排活動時間讓孩子動個夠**。研究發現，當孩子的活動量足夠，該安靜時會更能安靜喔！

有時我們太處心積慮於讓孩子「不要動」，卻忘了教導孩子「怎麼靜」，有些孩子不知道安靜時可以做些什麼事情，有些孩子則沒有機會體會到專心投入一件事情的美好感受，或是完成一個作品時的成就感，所以很難靜下來。

安排一些靜態活動，從較短的活動開始，讓孩子理解需要安靜時可以做哪些事情，以及安靜專注時的美好感受，孩子自然會更有意願從事靜態活動。別忘了，當孩子專注時，大人可別打斷他們。

● 訂出固定的「動動時間」

有時候，我們不是不讓孩子動，只是某些情境或場合不適合動個不停。與其一直制止孩子，我們還可以試試看明確區分「動」跟「靜」的時段，建議先從固定的日程安排開始。

例如學校有上、下課時間，就可以讓孩子理解它們分別是「動」與「靜」的時間。在家中也可以訂出一兩段「安靜時間」（做作業、看書、畫畫）、「動動時間」（可以玩球、跳繩、跑來跑去），這就是協助孩子練習自制的開始。

POINT

培養孩子自律，必須先讓他感受到自己的價值。

✕ 只要求孩子不要動，忘了教他「怎麼靜」。

○ 從較短的靜態活動開始，讓孩子體會「專注」的感受。

CASE 27

遇到問題就放棄

小西已經六歲了，準備升小學。因為是早產兒的緣故，之前一直有在醫院進行早期療育的發展追蹤，幸好各方面發展都十分正常，智力還比同年齡孩子的平均高出一些。可是，雖然小西能力很棒，他卻總是半途而廢。

上次姑姑買了一個立體拼圖給他，他只看到包裝盒，就說自己不會做，在大人保證陪他一起做的條件下才勉強動手。一開始，順利的完成了底座，但是要進入略為困難的階段時，小西就馬上放棄了，覺得自己不可能完成，所以乾脆不要做。

老師也曾經反應過類似問題，端午節的時候，老師教大家用撕貼畫的方式做龍舟，可是小西一直說他不會撕。雖然老師不斷的鼓勵他，告訴他怎麼撕都沒關係，小西還是不知道從何著手。最後，老師只好請旁邊的小朋友幫忙他一起完成作品。

小西這樣的狀況，讓老師跟媽媽都好擔心上了小學該怎麼辦……。

27. 失敗了，本來就該傷心！

孩子為什麼會容易放棄？

這是因為，除了先天的氣質會影響孩子面對挫折或挑戰的反應，後天因素也扮演了相當重要的角色。

第一個會造成孩子害怕挫折的原因，是孩子因應挫折的能力不足，也就是在他的成長經驗中，還沒學習到「面對失敗／挫折，我可以怎麼處理」、「怎麼面對自己的情緒？」

因為不知道怎麼做，所以孩子會盡可能逃避這種機會。這有可能與**大人的稱讚綁定了「成就」有關**，例如成功了、贏了、考一百分等時刻才會獲得大人的大力稱讚；而當表現不夠完美時，就只會看到大人惋惜的神色。這樣的經驗逐漸會讓孩子傾向尋求完美，否則他不知道該怎麼面對父母。

第二種原因，則是孩子預期自己並不會成功，因而不願意嘗試。

有可能是事情的難度真的**超過孩子的能力太多**，或是孩子缺乏自信，於是一直覺

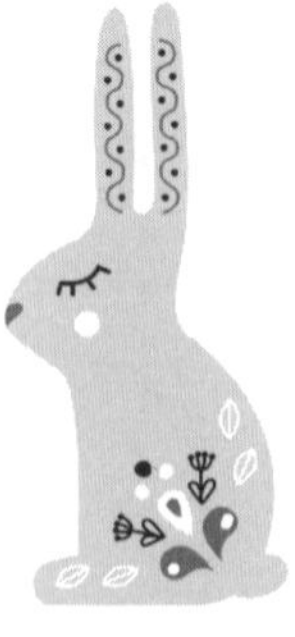

得自己做不到。

最後一種狀況，叫做「習得無助」，指的是一個人經歷了太多次的挫敗，而且環境讓他覺得無論做什麼都無法改變結果，因此乾脆不再做任何嘗試。

心理學小技巧

● 習得無助

一九七五年，由美國賓州大學心理系的教授馬丁・賽格里曼（Martin E. P. Seligman）提出的概念研究。

他利用狗做了一項心理學經典實驗。他先將狗關在籠子裡，只要蜂鳴器一響，就給予難受的電擊。多次實驗後，只要電擊的信號一響起，即使實驗者在電擊前已經將籠門打開，狗狗不但不逃跑，反而在電擊前就直接倒地呻吟。

狗狗因為深信自己無法逃出籠子，因此後來就放棄再嘗試了。一個孩子一旦失去對自己的信心，也會像這些狗狗一樣，放棄努力、錯失成功的機會。

失敗沒有關係，別再否定孩子的情緒

面對挫折的能力，是受用一生的關鍵能力，但這個能力的培養，幼時的經驗累積是非常重要的。

有意思的是，不在意失敗的孩子，由於他們累積的經驗較多，反而容易找到成功的方法；但是，習慣放棄、逃避困難的孩子，在不得不上場時，卻經常因為惴惴不安的心理狀態，以及不熟練的技巧，多以失敗收場。而這又會再度強化他們的挫敗感受，以及繼續逃避困難。

如果此時，大人還加上「你就是都不努力」、「你就是憨慢」（頇顢 han-bān，臺語笨拙無能的意思）、「姊姊就是比你聰明」這樣的評價，孩子就會更深信自己沒有機會克服困難、沒有機會成功。

有一個關鍵點是，**千萬不要在孩子傷心不已時故作輕鬆**，跟孩子說：「這種事情只是小事」、「這沒什麼好傷心的」。這樣的話語，會讓孩子覺得自己在乎的事情不被看重、覺得自己有這些負向感受是不對的，也無助於培養他們面對挫折的能力

我們應該要讓孩子理解，**失敗真的很傷心，但不代表我們不好，只是「這一次的做法不夠好」**，這樣才能讓孩子不洩氣、願意再試一試。

你也可以做到的正向教養對話練習

如果孩子已經出現了輕言放棄、不願嘗試的狀況，我們可以試著換句話說。當孩子考得很好，我們別再稱讚成績好「很棒」，可以說「哇！這次你很努力、為自己爭取到好成績！」、「我有觀察到你這次有預留足夠時間複習」。把焦點放在過程中的努力，可以漸進降低孩子對成就門檻的堅持。

當孩子只關注最終的結果，就很容易陷入因為擔心表現不好而裹足不前的窠臼中。此時，應陪著孩子一起挑戰，並在過程中點出那些美好的片刻，逐步轉換孩子對結果的過度看重。

例如：跟孩子一起烘焙，弄得雙手髒兮兮，但是很開心；或是跟孩子一起登山，可以體會林道的美麗及克服困難的成就感，無論最終有沒有攻頂，都是最好的嘗試。

除此之外，我們也可以幫孩子把大目標縮小，找到「或許這個我可以」的開關，行動就有機會開始。

POINT

陪孩子一起經歷失敗。

✕「這種事沒什麼好難過啦！」

○「失敗真的很傷心，但不代表我們不好，只是這一次的做法不夠好。你想要的話，我陪你再試一次。」

CASE 28

動不動就發脾氣

三歲的平平本來一個人開心的在玩積木，但是小小的他還不太會控制力氣，所以積木高樓疊了又垮，平平突然把積木整個推倒，大聲的說：「我最討厭蓋積木了！」

爸爸在一旁出聲說：「你怎麼那麼沒有耐心？這有什麼好生氣的！」平平聽了，伸出手把積木揮得一團亂，一面更大聲的說：「我沒有生氣！我最討厭蓋積木！」

爸爸繼續說：「生氣就生氣，不可以亂丟玩具！」平平的眼淚大顆大顆的掉下來，他伸出手推爸爸，一邊說：「我最討厭你了！」爸爸聽了也很生氣：「你怎麼可以這樣跟我說話！你去罰站」。這下子，平平坐在地上嚎啕大哭起來，爸爸則是氣呼呼的站在一旁。媽媽走出房間見到這一幕，嘆了一口氣。

爸媽抱怨平平經常亂發脾氣，罰站、罵他都沒有用，只會哭得更大聲，而且一生氣就亂丟玩具，或是坐在地上嘶吼哭鬧，讓爸媽十分頭痛。

28. 利用翻譯法，把生氣變方法

父母常常覺得小孩「歡必霸」，明明就是一件小事，卻搞得雞飛狗跳、大發脾氣，何苦呢？

為什麼小孩那麼愛亂生氣？

在看待孩子的問題時，一定要試著去思考事情的來龍去脈。

一般來說，亂發脾氣的背後，通常不是只有生氣一種情緒，還可能有更複雜的**挫折**、**自責**、**難過**、**不安**等情緒。但是，對孩子來說，這些情緒太過細膩，超過了他們的辨識能力，因此他們也不理解這些是什麼感受、為什麼會有這些感受，只好一股腦兒的用發脾氣的方式表達出來。

以平平那一晚發生的事情為例，引爆點似乎是從他突然推倒積木大發脾氣開始，但是倒帶回到更前面一點點，我們很容易就能發現：情緒可能在積木一次一次垮掉時，已經開始累積了！

那麼，積木垮掉會帶給年幼的孩子什麼情緒呢？

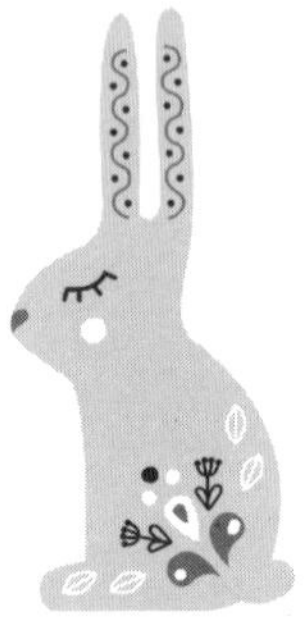

圖 4-3　如何讀懂孩子的情緒？

事件　例如：蓋積木倒了。

↓

情緒　例如：感到挫折、失望、難過。

↓

行為　例如：用最原始的方式展現情緒：哭、尖叫、倒地打滾。

很大的可能是挫折：好想要蓋出很高的積木，可是卻一次又一次失敗，真的太令人難受了！此外，伴隨挫折而來的情緒很可能是難過，因為失望、失落，很自然便會帶來難過的感受。

搞懂了前因，接下來，我們才有辦法陪伴孩子處理受到這些情緒所牽引的後果。

情緒帶來的後果是什麼呢？其實就是展現出來的「行為反應」。

小小孩感到生氣、挫折、難過等情緒時，同樣會有發洩、表達的需求，但是平平這個年紀的孩子，表達能力和自我控制能力都還沒發展好，因此有些孩子只能選擇用最簡單、最直接、最原始的方式來展現情緒——有些是哭、有些是尖叫，有些是倒地打滾，最慘的則是以上皆有。這並不是因為他們「想要」這樣或「故意」這樣，而是**因為他們不知道「除了這樣，我還能怎麼表達我的情緒？」**

很多大人以為小孩「愛亂發脾氣」，但其實生氣的感覺是很不舒服的。只要我們教會孩子怎麼樣在生氣時用更好的方法來表達，以及協助自己平復下來，就能大大減少孩子不合宜的情緒反應。

在親子諮詢的場合中，家長詢問度第一名、困擾度第一名的，真的可以說是「小孩亂發脾氣」了。但是這中間一直有一個弔詭的問題：到底**什麼叫做亂發脾氣**？

讓孩子練習：下次遇到一樣的狀況，該怎麼做？

其實很多大人會不由自主的認為，小孩只要把情緒展現出來，無論是哭、是吵、是摔東西、還是臭臉，都稱為亂發脾氣。

可是，事實上沒有人可以沒有情緒，我們也不希望孩子成為一個壓抑情緒、把自己真實感受視為「不對的」並感到歉疚的人，所以我們真正要教孩子的，是**好好認識自己的情緒反應，並且能夠做自己情緒的主人**。在情緒高漲時仍保有判斷力，不會做出傷害自己或他人導致事後後悔的舉動。

這樣的能力說來理想，但是能做到的人不多。想想身邊的成人，或是我們自己，在很憤怒、難過、挫敗的時候，是否仍然能夠很好的控制自己？恐怕很多成人也做不到，因此，「好好處理情緒」常常不只是孩子的課題，也是我們大人的課題。

要好好處理情緒，第一步就是認識情緒、認識自己當下怎麼了（請見第一七〇頁）。當孩子理解了「事件」與自己的「感受」之間的關聯，接下來才能進行處理。**情緒的處理有兩種選擇，一是「舒緩情緒」，二是「解決問題」**。

例如：孩子的玩具壞了，他感到很**難過**，正在**大哭**。我們可以選擇安撫他、轉移他、幫他說出感受，這些都屬於「舒緩情緒」；或者我們也可以選擇再買一個玩具、修理看看、改玩別的，這些則屬於「解決問題」。

關於情緒的掌握，有一個常被忽略的細節是：我們常常只針對孩子負向情緒的展現去處理，可是**正向情緒的展現，也是需要練習掌控的**，不能因為開心就尖叫、大吼，這也是處理情緒的一個環節。

當我們能夠處理情緒，意味著我們開始具備了調整腳步、重新嘗試的能力，能夠更有彈性、更能面對挑戰。

你也可以做到的正向教養對話練習

這個年紀的孩子正在開始認識自己和他人的情緒（請見第一一三頁），以及產生這些情緒的來龍去脈，有時候他只覺得自己「不開心」，但是沒辦法理解「為什麼不開心」。

下一次遇到孩子困在情緒中難以脫身時，抱一抱他，再問問他：「辛苦排好的積木倒了，**好難過**對不對？」、「是不是因為好想要跟爸爸一起出門，不能一起去**好傷心**呢？」孩子感到被理解，衝突的可能性就大幅減少。

當孩子因為挫折而哭鬧時，可以搭配前面的「翻譯法」（見下頁圖 4-4），告訴他們：「積木倒了，很生氣是嗎？你希望媽咪**給你一個大抱抱**嗎？還是想要**改玩黏土**？要**再挑戰一次**嗎？到你的祕密基地躲起來呢？」

透過大人的說明、示範、提示，孩子才有機會學到新的策略，下一次再遇到類似的狀況時，他就會比較容易想到好方法。

POINT

用翻譯法，把孩子的情緒點說出來。

✕ 「生氣就生氣，幹嘛亂弄！不可以這樣亂丟玩具！」

○ 「辛苦排好的積木倒了，好難過對不對？」

圖 4-4　培養孩子的情緒力

CASE 29

在學校沒朋友

某天一場講座剛結束，有位家長立刻跑過來問問題，他擔憂的說孩子在學校沒有朋友，不知道該怎麼辦？

這個孩子叫方方。方方開始上學快兩個月了，讀的是公立幼兒園，「設備好、課程好、師資好」是家長的形容，顯然對於學校十分滿意。

從方方開始上學之後，爸媽每天都會問他：「在學校有沒有跟同學玩？有沒有交到好朋友？」一開始方方說沒有，大人還不以為意，想說剛開學嘛，沒那麼快，可是一週、兩週過去了，方方還是說「沒有朋友、沒有跟同學玩」讓爸媽問得越來越擔心。忍不住去學校找老師，想不到老師的觀察竟然是：同學常常邀請方方一起玩，可是方方總是杵在那裡，好像手足無措，所以最後同學都跑去跟別人玩了。

老師覺得這沒什麼，慢慢引導就好，但家長實在太擔心了，忍不住跑來詢問。所以，孩子沒朋友，到底該怎麼辦哪？

29. 沒朋友也別急，如果他自己懂得找樂子

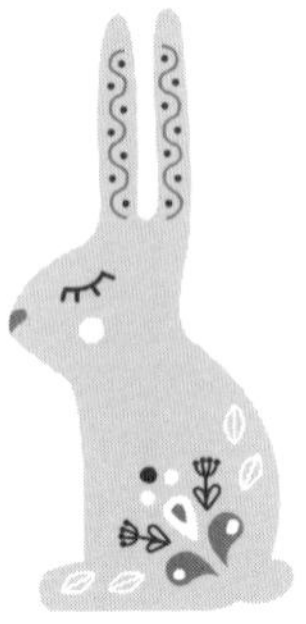

沒有朋友，到底該不該擔心呢？那就要看看沒有朋友的原因是什麼了！

孩子沒有朋友的原因大約可以歸納如下：

一是孩子本身氣質較為退縮、面對社交情境容易焦慮，這樣的孩子自然會想要逃避社交情境，或者雖然心裡很想跟大家一起玩，卻難以踏出那一步。

第二個原因，則是孩子的社交技巧不好，例如：不知道怎麼開口邀請、不會控制力道、想要自己決定玩法、故意搗蛋想吸引注意等，都是「想跟大家當朋友，卻用錯方法或不得要領」的表現。

第三個原因，則是過去在社交上有受挫的經驗，例如有些孩子曾被排擠，或是自己覺得別人不喜歡他（有時其實是孩子錯誤解讀別人行為的意思），在後續跟同儕相處的時候，就變得有所顧慮、裹足不前。

第四個原因，則是個性上**原本的社交動機就比較低**，喜歡自己找樂子、沒有很想

跟大家互動，或是身邊只要有一、兩個朋友就覺得足夠，跟前述幾項相反，這樣的孩子是「不為」而非「不能」。

如果我們發現孩子沒有朋友是因為受限於能力、想要但做不到（前三項因素），那我們就可以幫他一把，但若發現孩子社交能力沒有問題，單純只是喜歡獨處，那倒是不需要太擔心。

從不一樣的意見，訓練孩子的溝通能力

人際互動，在孩子的發展中是非常關鍵的一個面向。人際互動的品質夠好，對孩子的語言、認知、自我概念等許多面向的發展都有幫助。

而在人際互動中，有一個很關鍵的能力，叫做「溝通協調能力」，亦即孩子能否把自己的想法和意見表達出來，讓其他人理解，並且互相協調、配合。

這之間不是只要會講話就好，除了口語表達能力，還需要很複雜的心智運作。例如，孩子首先需要**判斷自己跟他人的關係**。因為，跟家人、跟陌生友伴、跟熟悉的同學朋友，所要用的語言也不太一樣，而有求於人或是據理力爭時，說法也不同。此外，孩子需要練習從他人的肢體語言、語氣、神情等判斷他人的想法、意願，必要時

調整自己的立場或條件。

這麼複雜而重要的能力，自然沒辦法速成，而是需要在長大的過程中，反覆不斷的練習，從一次一次的經驗中慢慢累積能力。

例如，把孩子視為一個獨立的個體。孩子有他的感受與想法，我們示範如何傾聽，同時也示範如何說明自己的立場和顧慮。比方說，十點要上床睡覺，白天才會有足夠的精神做喜歡的事情；或是當孩子有不一樣的意見時，試著去協調和達成共識：每天可以玩多久的桌遊，彼此可以先試著各自陳述自己的意見。

在這樣的討論歷程中，可以讓孩子培養出良好的互動能力、人與他人的關係中不至於只會委曲求全、犧牲自己的想法，並能理解到自己是有價值而值得被尊重的。

你也可以做到的正向教養對話練習

如果發現孩子很想跟大家相處，卻力有未逮，該怎麼辦呢？

- **從一、兩個朋友開始嘗試，逐步降低焦慮**

如果孩子是因為太過退縮、容易緊張焦慮，或是過去有些不好的經驗所以抗拒，

圖 4-5　加強孩子的社交能力

- ☑ **給孩子一些建議**
- ☑ **點出孩子做得不錯的地方**
- ☑ **點出他人的感受和合宜的方法**

我們要幫忙降低困難度，漸進的幫他們重建信心。

可以從一、兩個對象開始，若是熟悉的人更好。例如：家庭友人的小孩、親戚小孩等，先試著讓孩子自然的玩在一起，從旁給孩子一點鼓勵，並肯定他的努力。有了一、兩次的成功經驗，再慢慢試試看比較不熟的對象，或是比較長的時間、比較多的人。

如果發現孩子是社交技巧不好，那就要趕緊幫忙他，以免孩子受挫經驗多了，轉為退縮或是否定自己（見上方圖4-5）。

可以事先**給孩子一些建議**，例如：「今天會見到山山，你想帶玩具跟他一起玩嗎？」；**點出孩子做得不錯的地方**，例如：「你這次跟山山玩，有帶自己的玩具分享，所以你們玩得好開心」；**點出別人的感受和合宜的方法**，例如：「你直接把玩具塞給他，讓他嚇了一跳，不知道你的意思，下次你可以試試看問他要不要一起玩」。

平常在講故事、看卡通的時候，若是看到好方法，也可以講出來讓孩子了解「原來可以這樣做」。

● 大人轉念，接納孩子的本質

如果孩子不是能力有限，而是喜歡獨處，那就是我們需要調整想法、接納孩子。

我們有時會有許多既定的價值觀，覺得某些行為才是理想的、好的（可以參考第一八五頁），進而把這樣的期待放在孩子身上。

我們可以試著問自己，這些既定的正向價值觀的背後我們真正在乎的是什麼？以及沒有這麼做，真的會帶來不好的後果嗎？覺察自己的盲點，有時就能找到親子關係的轉捩點喔！

POINT

從一、兩個對象開始，訓練孩子的社交技巧。

✕「你就是太膽小才會沒有朋友，要大方一點！」

〇「今天會見到山山，你想帶一些玩具跟他一起玩嗎？」

CASE 30

上課、寫字不專心

「阿愷，看這邊！」老師又在叫阿愷了，同學都已經習以為常，但是在教室外面觀課的媽媽卻看得膽戰心驚。

媽媽那天帶著阿愷來就診，因為老師覺得他實在太不專心了，上課一直在東張西望到處看，有時則是拿出鉛筆盒裡面的東西把玩。上畫畫、勞作這類需要動手做的課程時倒還好，但是每當進入語文時間、繪本時間，阿愷就會進入放空狀態或另外找事情做，沒辦法專注聽老師說故事或練習拼注音。

媽媽原本不以為意，覺得孩子長大了自然會改善，但是這幾天她還是依照老師的建議，在阿愷寫作業時離開房間，讓阿愷試著自己完成。結果，媽媽發現平常只要寫三十分鐘的注音練習作業，阿凱竟然寫了兩個半小時，一下子拿兩支筆假裝對戰，一下子在畫戰鬥陀螺，聽到大人看電視轉臺，也會轉過來想要看一下。

媽媽好想知道，阿愷這麼不專心，我們該怎麼做呢？

30. 注意力，本就有高有低，尊重個別差異

注意力的問題，彷彿已經成了現在校園和親子間的大敵，經常聽到家長擔心的詢問孩子做事情不專心，是不是注意力不足？需不需要就醫？

讓我們從大人的狀況開始思考：你覺得自己的注意力好嗎？有沒有發現在做不同事情的時候、精神狀況好或不好的時候，甚至一天之中的不同時刻，注意力表現都不一樣呢？

沒有錯，**注意力**就是一個這麼**容易受影響的能力**，環境因素（活動有不有趣、周遭吵不吵）和個人因素（有沒有睡飽、心情好不好、肚子會不會餓）都會造成很大的影響。

有了這樣的了解，我們就能知道：要判斷孩子的注意力狀況，需要考量多種原因，如下頁圖4-6所示。

首先我們**要先看看環境條件**，是否有利於孩子維持注意？家人走動、窗外車聲、

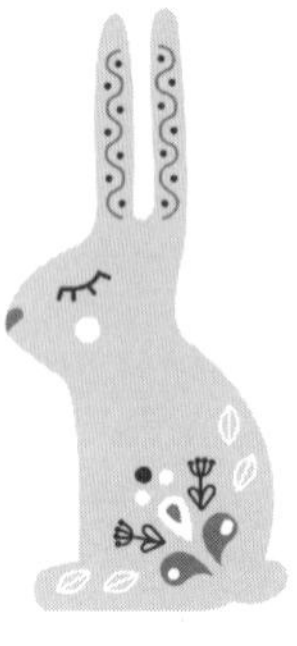

圖 4-6　專注力

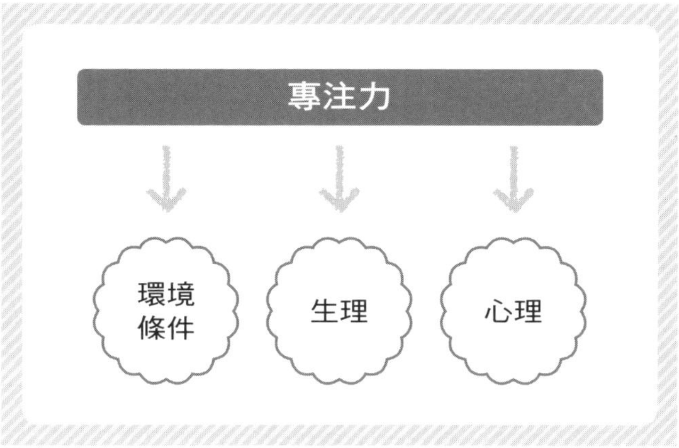

隔壁施工、客廳大人看電視等，都有可能是因素之一。

排除了環境條件，接著我們可以看看個人狀態：這個時間點孩子會不會肚子餓？會不會想睡？是不是正在過敏所以癢癢的？

生理檢視完，接著檢視心理的部分：最近有遭遇什麼比較大的壓力？是不是因為被罵正在生氣？幾天後要去露營所以很興奮？在這些狀況下，孩子自然也很難靜下心來維持注意。

等到環境與生理都檢視完，我們再來思考這兩者的交互：這個活動，孩子有興趣嗎（活動本身是外在條件、孩子喜好是內在條件）？

有一點點難度，過程中需要動腦，但

又有機會達成，這樣的活動是最能讓孩子專注投入其中的。相反的，太難或太簡單、太無聊或太刺激，都很容易不專注。

所以阿愷到底怎麼了呢？

經過我們的抽絲剝繭、層層推敲，終於發現他在學校看起來心不在焉，是因為掛記著媽媽生日，想要做卡片給媽媽，又不會做，十分苦惱。而在家裡呢？單純是因為環境裡造成干擾的事情太多，所以才一直分心。

訓練專注力，先從設定目標開始

專注程度也是天生氣質的一種，所以有些人確實天生就比較能專心、有些人比較容易分心，但這並不代表我們只能被動接受這樣的命運。

在進行孩子的情緒教育時，有一個很重要的能力，叫做「解決問題」的能力，也就是當孩子發現他的生活上遭遇了一些挑戰、遇到一些問題，能夠設法解決。這樣的歷程，從孩子很小的時候，我們就可以帶著他們一起進行。

例如，遇到孩子不專心，我們要能發現讓孩子不專心的原因，然後設定改善目標、發想解決策略、判斷策略可行性，最後採取行動（見下頁圖4-7）。

圖 4-7　改善孩子專注力的步驟

步驟	舉例說明
了解自己要解決的問題	孩子不專注。
設定改善目標	能夠專注完成當天作業。
發想解決策略	改善環境、調整寫作業時間、請大人陪伴。
判斷策略可行性	發現是環境嘈雜造成不專心，所以改用「改善環境」的策略。

請家人在晚飯後半小時從事靜態活動、改到安靜的房間寫作業。

＊參考資料：芯福里情緒教育推廣協會出版之情緒教育教案手冊 4《我是解題高手》。

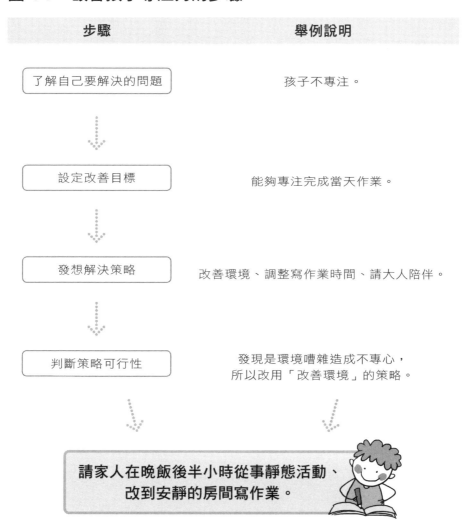

陪著孩子把這樣的流程走完，而不是只是責備孩子不專心，那麼不但實際解決了生活上的問題，孩子也能逐漸發展出自己解決問題的能力，而更能面對挑戰和挫折。

你也可以做到的正向教養對話練習

雖然說注意力的影響因素，很難用單一條件解讀，但還是有一些方法，可以增加孩子的專注狀況。

● 留意環境條件，每個人都不一樣

從前面的解析就能理解，環境是專注工作的基本條件。不過每個人適合工作的環境條件不同，像我自己就喜歡在有交談、有音樂的咖啡廳，有人則喜歡在安靜的地方工作，而孩子則有可能需要很安靜的地方，也有可能需要隨時看得到家長的地方。仔細觀察孩子或與孩子討論，找出最理想環境，是不二法門。

● 減少 3C 產品的使用

電視、電腦、手機、平板等3C產品帶來很多的方便，也澈底轉變了我們接收訊

息的方式，但是年幼的孩子使用３Ｃ產品的時間如果太長，會影響到他的注意力狀況。這跟孩子正在發育的大腦有關，根據目前的研究結果，使用３Ｃ產品的時間，跟孩子的注意力持續度、語言能力成反比，所以當孩子年紀越小，開放使用３Ｃ產品的時間也要越短（詳細請見第八十七頁）。

有些事情，我們做起來就是特別不起勁。若希望孩子專注，就要幫他在那些事情上創造動機，例如：幫孩子找出他用心寫的字、安排一點腦力激盪小關卡、讓孩子一邊聽喜愛的音樂一邊進行等，都是能提升孩子動機的策略。

POINT

設定目標，訓練專注力。

✕ 發現孩子不專心，就擔心孩子是否為注意力不足過動症。

○ 留意環境條件，並用活動增加孩子的成就感及樂趣。

CASE 31

玩生殖器官

在一個教養社團中，有家長很擔心的提問：三歲的咖咖最近很喜歡摸自己的「小雞雞」，洗完澡要穿衣服時會一直摸，有時候看他一邊發呆或看電視，也會不自覺的去摸。

家長每次看到都有告訴他不要摸、把手拿開，或是發出低沉的「恩！」來嚇阻，可是好像沒什麼用。長輩都說要從手背打下去，或是手上塗薄荷，讓他知道不能摸。

家長很擔心孩子是不是看到什麼不該看的，也擔心如果沒能及時制止，孩子是不是會越來越著迷，甚至長大以後還沉迷於色慾之中，影響未來的性格和生活。

31. 性教育不能長大再教

在剛成為臨床心理師的頭幾年，第一次聽到這樣的擔憂時，我有點訝異，但隨著工作經驗的增加，我越來越能理解：家長其實都很在乎孩子的未來，所以對許多家長來說，孩子幼時的一些行為，其實會令家長想得很遠、擔心長期的影響，所以才會這麼心急。

事實上，**幼兒碰觸、撫摸自己的生殖器官，是再正常不過的事情**。對三歲以下的幼兒來說，性器官就跟其他身體部位沒有兩樣，此時的碰觸，就只是探索和認識自己的一個過程。到了四、五歲，孩子約略知道「這是個特別的地方」，有時會拿來炫耀「我有你沒有」，或是驚奇的發現碰觸之後會舒服、會變大等，但此時孩子的認知中，這些行為都與「性」、「慾望」毫無關係。

如果我們對於這樣正常的行為過度反應，孩子會接收到什麼訊息呢？很多心理學派提出了「性」這件事情對於人格發展和自我概念的深層影響，最著名的就是佛洛伊德精神分析學派，但即使不去鑽研那些學派，我們還是可以想像後續的影響。

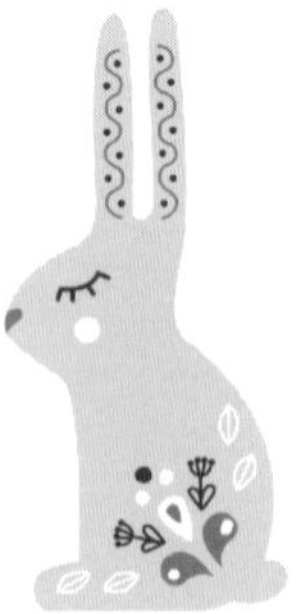

首先，孩子會發現「這是個吸引大人注意的好方法」，於是**尋求注意的孩子，就會更故意做這個行為**。另一方面，如果大人的態度是責備、嫌惡、羞辱、嚴格制止，孩子會產生一種內疚、罪惡，但又矛盾、困惑的感受，他們會感覺到「大人不喜歡這些行為、這些行為是不對的，但我又很喜歡摸這邊的感覺，為什麼會這樣呢？」

如此一來，孩子會更加好奇、想要了解這是怎麼一回事，結果**把對性和性器官的好奇全部隱藏起來**，而我們就失去了帶給孩子正確性知識、性觀念，以及教孩子如何保護自己的對話機會了。

不過，孩子碰觸性器官這件事，完全沒問題嗎？倒也不是！當孩子碰觸的頻率明顯增加、伴隨情緒問題，像是做惡夢、恐懼、抗拒肢體接觸，或是突然獲得一些東西、遊戲或對話中出現奇怪的內容，我們都需要提高警覺。這可能反映了孩子的生殖器官發炎、不舒服，或是遭遇了一些不當接觸的事件，需要更進一步去了解。

性教育不是長大再教

「玩生殖器官」這件事情雖然本身不需要太憂慮，但是身為家長，我們擔心的絕對是那個「萬一」：萬一這樣的行為，真的代表著孩子遇到了什麼不好的事情，該怎麼辦？

我們沒辦法時時跟在孩子身邊，所以只能教他們**自我保護的能力**。自我保護這個概念，涉及了尊重、自我了解、情緒處理等不同細節，其中幾個部分在前面的好幾個章節我們都曾經談過，但最基本而關鍵的，就是**「拒絕」的能力**。

你的孩子知道怎麼拒絕嗎？

在跟孩子相處的過程中，我發現很多孩子不知道怎麼拒絕，或是覺得不應該拒絕。例如：有較年幼的孩子靠近，就應該分享、禮讓？如果大人不喜歡，就不應該做？大人的要求，應該乖乖配合？不能跟大家不一樣？這些「應該」如果逐漸深植到孩子心中，孩子會覺得自己沒有拒絕的權力。

然而，若我們沒有協助孩子培養拒絕的能力，就無法教會孩子自我保護。因為自我保護的基礎，就是知道**「我不喜歡」**、**「我不想要」**。

若孩子覺得自己不應該不配合、不應該不喜歡，那麼當孩子受到了任何欺侮或傷害，他甚至會覺得那個「不喜歡這件事的自己」是不應該的、不對的、應該被譴責或尋求諒解的。在這樣的狀況下，孩子怎麼可能去求救呢？更嚴肅的說，真的不幸遭遇了被侵犯的事件，有沒有表達出拒絕、不願意，會大大的影響法律最後判定的結果。

除了前文提到的，從孩子小的時候，就尊重他的意願，**當孩子表達了反對、不喜**

歡，就尊重他們而不強迫。同時，也要讓孩子很清楚的知道「no means no」——當我說不要就是不要。當然，涉及安全的事情除外，例如：當孩子想跑過馬路而不讓大人牽著，就不能只是順從了，但可以讓孩子選擇要手牽手、搭火車，還是用比較有趣的方式過馬路。

另一方面，在這互相尊重的過程中，大人也示範了如何堅定但不帶情緒的拒絕，以及拒絕行為不代表否定「我這個人」；或是表達自己的立場和感受，但也能接受討論和妥協等，這些都是關於拒絕的各種細微層次。

你也可以做到的正向教養對話練習

面對孩子碰觸生殖器官，我們排除了生理因素（發炎、蚊蟲叮咬、內褲太緊、憋尿等）之後，可以這樣做：

- **淡定自然、不動聲色**

是的，其實，我們**可以什麼都不必做**。

當我們剛發現孩子有這個行為時，只需要觀察。就好像我們看到孩子搔頭、抓腳趾，只要我們知道此時的他們就只是在認識身體，就不需要大驚小怪了。通常孩子「認識」完，這些行為就會自然的消失了。

● **轉移注意**

如果孩子碰觸的頻率太高，或是我們自己實在很難接受，那就試試悄悄的轉移吧！幫孩子換個尿布、一起看故事書等。

● **正確中性的引導，而非開玩笑**

若孩子開始拿生殖器官開玩笑，或是碰觸其他人的生殖器官，或是在不當的場合碰觸，那我們還是得適度引導，並且清楚的對孩子說明：這些行為之所以不恰當，是因為要尊重其他人的身體，或是應選擇合適的場合，像是房間、廁所。

此外，很多家長習慣以譬喻或玩笑的方式，回應孩子性相關的疑問，但其實我們應該**使用正確的器官名稱**，或是以正確內容來回應孩子，只要依據孩子的理解能力稍微簡化即可。

例如：當孩子問到他們怎麼來，可以簡單說明性行為和懷孕、生產，而非「從石頭蹦出來、「路邊撿來」等。

● 觀察確認可疑之處

如果發現前面提到的：碰觸的頻率明顯增加、伴隨情緒問題，像是做惡夢、恐懼、抗拒肢體接觸，或是遊戲或對話中突然出現奇怪的內容等跡象，就要提高警覺。看看是不是內褲太緊了？發炎了？或者是不是發生了一些不當的事情？

家長可以在孩子覺得安全、放鬆、自在的狀況下，中立的詢問孩子，但要留意不強迫、不誘導、不指責、不發怒、不讓孩子覺得是自己的錯等「五不」原則，才能好好陪伴孩子，而不致於帶來更多的傷害。若有所疑慮，也可以尋求專業醫師或心理師的協助。

POINT

保護自己，得先學會拒絕。

✕ 喝止、責備、戲弄，讓孩子覺得自己不應該有這些感覺。

○ 當孩子對大人的碰觸表達反對、不喜歡，就尊重而不強迫。

CASE 32

被霸凌

阿南最近剛開始上學，但是念中班的他，同學大多是從小班開始就讀的，所以已經很熟悉學校的生活。只有阿南開學後還花了好些時間才總算比較適應了。

可是，就在大人以為阿南差不多上軌道之後，某天早上，阿南突然又說他不要上學了。

問了幾次，爸媽才拼湊出大概的原因：在學校，有個同學叫東東，會故意捉弄阿南，像是在排隊的時候推他、做勞作時在阿南的作品上偷畫一筆、把阿南的東西藏起來讓他找不到等。

據阿南轉述，東東好像不太會欺負別人，所以大家都不覺得怎麼樣。而且他曾經跟老師說，老師也要東東道歉，但是狀況卻一點也沒有改善。阿南說他好害怕去上學又會被東東欺負，所以不想上學了……。

32. 被人欺負時，孩子知道怎麼求助嗎？

進入幼兒園之後，很多家長都會覺得，怎麼同學之間的相處問題突然多了起來呢？這是很正常的，因為社交互動方面的能力，在**三歲之後正式進入了互動期，從以前的自我中心狀態脫離，開始發展自己的友誼關係**，而這個年紀剛好是許多孩子進入幼兒園的年紀。

那麼孩子為什麼會成為群體中被欺負的對象？

有幾個常見的原因，其一跟性格特質有關，比較溫和、退縮、內向的孩子，比較容易成為被欺負的對象。此外，比較缺乏自信的孩子，也有較高的機率成為箭靶。這是因為，這樣的孩子面對衝突、挑釁，或是欺負時，比較無法即時做出拒絕或自保的回應。

另一個原因，則是孩子身材、外表，或是能力上跟同儕有比較明顯的差異，例如特別瘦小或高壯、特別髒亂、特別容易失控等。

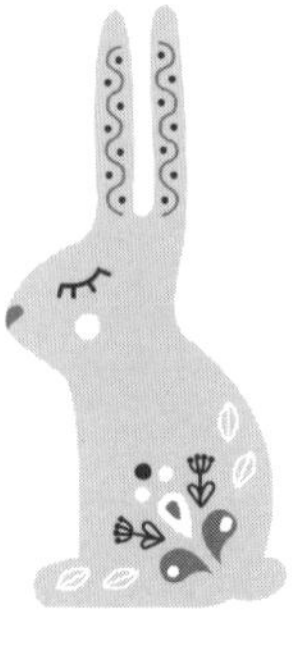

外觀特質，一直都是人用來判斷、選擇友伴的重要基礎（雖然我們常常並未意識到），能力則大多是透過大人的反應，而逐漸形成孩子心中的標籤。

但在某些條件上較弱勢的孩子成為被欺負的對象，不只是因為這些特質吸引了其他人的注意，也常是因為孩子本身就因為這些原因而缺乏自信，因而陷入自信不足導致回應不理想的狀況中。

從認識身體開始，增加孩子的信心

之前有一個影片，是一個爸爸在訓練女兒打拳，要孩子學會防身技能，而小女孩站都站不穩仍努力揮拳的稚嫩模樣吸引了許多網友的注意。

練習拳腳功夫是不是好事呢？答案是肯定的，但目的並不是靠這些招數防身，而是**透過這些練習，增加對自己身體的認識和掌握**。因此，不管是舞蹈、律動、運動等，只要是對自己身體不同部位、力量的理解有幫助的，都是值得學習的項目。

不過，我們不能期待孩子全靠武力去抵抗外侮，因為肢體能力受先天條件限制實在太多，而且**使用肢體來抵抗、反擊，通常帶給彼此的傷害是更大的**。

我們必須教會孩子的自保能力，包含了及早判斷情勢、與他人溝通折衝，以及經常被忽略的——**事件當下和其後如何求助**，因為孩子的能力有其侷限，勢必有些狀況下必須求援於大人，因此我們要確保孩子知道哪些是可靠的對象、哪些是可以求助的管道，以及該怎麼做？

常見的求助對象是老師、家長、執法人員等，求助方式有親自前往、打電話、請人轉告等，那孩子知道去哪裡找求助對象嗎？知道電話怎麼撥打嗎？知道上學跟放學後分別該怎麼求助嗎？這些都需要練習。

在一個環境中，如果存在安心可靠的求助對象，對孩子來說會有莫大的定心效果，而更能放心去嘗試和探索。相反的，若孩子在那個環境中總覺得孤立無援、必須靠自己提防和善後，心思都被這種煎熬感受占滿了，自然難以安心自處。

為孩子預備好足夠的求助能力，是學會解決問題、面對挑戰的基礎。

你也可以做到的正向教養對話練習

遇到孩子被欺負，我們一定非常著急，不過要處理這個問題急不得，我們可以試試以下方法。

在第一時間，我們一定要保持冷靜。學齡前孩子因為大腦仍在發展中，在敘述事情時經常沒有辦法把前因後果或時序講得很清楚，也常見到把不同時間的事情，或是自己與他人的經驗，或是假想和真實事件混淆的狀況。

● 冷靜的詢問、蒐集客觀訊息

先以冷靜但關切的態度聽完孩子的說法、理解孩子的感受，再盡速透過不同管道還原事情樣貌。例如：詢問老師、問問其他同學、觀察孩子與該位同學的互動等。多方了解訊息可以幫助我們貼近事實，以做出理性的選擇和判斷。

● 強化孩子擅長的事，提升自信

若發現孩子是比較退縮沒自信的，要協助他找到信心。可以從孩子原本就擅長的事情著手，透過成功經驗，讓孩子更容易發現努力與成果之間的關係，進而提升動機和自信。孩子有了信心，知道自己是有能力可以解決問題的，才能將這樣的經驗拓展到其他事情上。

● 用故事、遊戲，讓孩子學會保護自己

在平常的遊戲、活動中就可以幫孩子預做準備。扮家家酒、講故事、藝術創作，或只是家人間的閒聊，都可以與這樣的事件有關。在這些情境中加入比較理想的因應方式，就能達到演練與內化的效果。

人與人之間的關係是需要用心維持的，平時與校方和老師保有良好、善意的互動，讓老師了解我們對孩子的關心。如此一來，若真的出了什麼狀況，除了能跟老師在互相信任的狀況下進行討論，更有機會去抽絲剝繭發現不對勁的細節。

POINT

多方了解訊息，訓練孩子的求助力。

✕「人家欺負你就要打回去啊！」

「他敢欺負你？我去幫你找他算帳！」

○「你可以告訴我們，東東都在什麼時候欺負你嗎？發生了什麼事情呢？」

CASE 33

霸凌別人

麥麥是我從小看到大的孩子，現在四歲了，非常活潑可愛。可是最近麥麥媽很苦惱的來問我：孩子在學校一直欺負別人，怎麼辦？

原來老師已經反應過好多次，麥麥在跟同學玩的時候，很常挑起事端。例如，大家在遊戲區排隊玩溜滑梯，他就伸手推了前面的人；或是校外教學時，故意對著同學踢沙子，也曾經當面指著同學說別人是膽小鬼、討厭鬼等。

每天都有不只一個小孩來告狀，讓老師處理得疲憊不堪，要求家長積極處理這個問題，甚至委婉的暗示，若是狀況沒有改善，希望他們可以另請高明，或是不要繼續在這邊就讀了！

麥麥媽知道麥麥很活潑好動、很愛跟別人接觸和互動，可是從沒想過上學之後會是這種狀況，真不知道該怎麼辦……。

33.「我家孩子很乖的，怎麼可能欺負別人？」

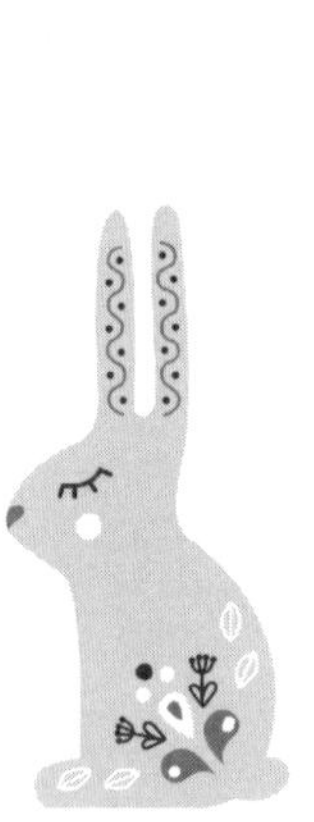

孩子還年幼的時候，對於人際界線、互動原則等都還在學習，也在練習克制自己的行為、抑制欲望。例如「排隊等候」，需要的是「延宕滿足」、「衝動控制」。甚至年紀更小一點時，連肢體動作、力道的拿捏都還不熟練，所以在學齡前孩子的互動中，互相有碰撞或衝突是很常見的。

但是，此時大人一定要把握機會帶領孩子去了解彼此行為的意義和原因、學習尊重彼此、更留意自己行為，並進行道歉和修復等，**而非放任孩子自己從衝突中學習**，否則就錯失珍貴的成長機會。

相較於前面提到的「非故意」碰撞、衝突，學齡前孩子若是出現「故意」的攻擊行為，則是另外一回事。

這種故意攻擊背後的意圖，大致可分為兩種類型：一是「情緒性／報復性」攻擊，指的是針對某個不滿的對象，蓄意造成對方疼痛或傷害。另一種則是「**目的性／利益**

性」的攻擊，指的是透過攻擊去獲得想要的東西，像是**搶玩具、拿到想要的東西**等。

若是前者，孩子多半是由於情緒處理技巧不足、缺乏自信、在人際上遭遇挫折等原因。而出於目的性／利益性進行的攻擊，孩子則多半是因為自我中心、未能顧及他人，或是溝通或解決問題的技巧不足造成。然而，無論哪一種目的，**攻擊行為都會透過模仿學習而來，也能透過引導而改善**。

懲罰孩子沒有用，從理解別人的感受開始

「霸凌」是這幾年學校中很常見、很令人困擾的問題。霸凌的成因很多，每一個霸凌案件背後都有其獨特的脈絡，而雙方都有可能在事件的發生上扮演關鍵角色，因此無法用簡化的方式去陳述。

但是在這些行為背後，想要降低霸凌的發生，在孩子小的時候，我們可以做的事情是教會他們「尊重」的概念，包含**尊重對方，以及尊重自己**。孩子知道自己的珍貴、知道自己的感受需要被在乎，才會有勇氣在當下去反對、旁觀時去制止、事件後去提報，也才有機會保護自己或不致成為霸凌者。要讓孩子知道「我的感受值得被尊重」，可以參考第三章的說明（見二〇七頁）。

除了知道「**我（和我的感受）很重要**」，同時也要讓孩子理解「**別人（和他們的感受）很重要**」。所以，千萬不要總是以孩子為中心、寵溺孩子而事事順從他。當孩子開心尖叫時，我們可以提醒他們觀察周圍環境是不是很安靜？要尊重公共空間其他人的需求。當孩子蹦蹦跳跳，可以跟孩子一起找一找：地板、沙發、沙坑、馬路，哪些地方比較適合蹦跳？而**當孩子踢踢打打弄痛我們了，也要讓孩子知道「你這樣讓我很痛、很不舒服」**。當孩子玩遊戲耍賴，也可以讓他知道「這樣變得不公平，我覺得不好玩了」。

你也可以做到的正向教養對話練習

打蛇打七寸，我們要處理問題，一定要釜底抽薪，從要害著手。孩子出現欺負人的言行，大人若只是限制或懲罰孩子，效果並不好。先解析孩子攻擊他人的原因屬於哪一種，然後試試看這些方法：

- **情緒性／報復性：強化因應人際挫折、處理問題和情緒的能力**

當孩子是出於情緒發洩或是報復而出手攻擊，我們可以先了解他情緒卡關的事件，是屬於學校的？家中的？還是普遍性的？

接著教孩子在那個情境中遇到人際衝突時，可以怎麼說、怎麼做。例如：適度避開常挑釁的同儕、練習說：「我想玩鬼抓人，你要一起嗎？」、「你撞到我了，請你跟我道歉。」、「你拿我東西，我很生氣！請還給我。」、「我現在不想借你。」

● 目的性／利益性：強化控制能力、學習尊重他人

若孩子是為了獲得一些好處而出現攻擊行為，先了解他的目標為何，像是沒耐心排隊／輪流、物權概念不清、習慣用強制的方式獲得想要的東西、同理心不足等。

接著針對孩子的核心問題加以協助，像是在排隊時邀請孩子一起數車子、聊天、哼歌、跳自創舞步，讓孩子練習等待。也可以跟孩子玩心臟病、桌遊、紅綠燈等活動，或是透過某些訓練軟體，練習衝動控制的能力。

無論原因為何，別忘了先同理孩子「好想要」、「等待好難」的心情，千萬不要一股腦的講道理、曉以大義。

● 立即制止、設定清楚行為底線

在每個團體中，都會有一套行為的原則。有時候，這些原則有被明定的（如：班規），但也有很多原則是需要孩子在生活中透過觀察、嘗試而自己理解的，像是排隊的間距、語氣的拿捏等。有些孩子的觀察能力比較弱，就會處處碰壁，讓人覺得他們很沒規矩。

最基本的團體行為底線，一般會設定為「不造成自己或他人、身體或財物的損傷或痛苦」。當孩子的行為碰觸了這樣的底線，就要立即介入制止（並非責備），並清楚說明**行為不被允許的原因（造成自己或他人的痛苦或傷害）**，而不是讓孩子覺得「這件事不能做是因為會被打或被討厭」。

POINT

教孩子學會尊重他人。

✕ 用懲罰、責備、剝奪等方式來處理孩子「欺負別人」的行為。

○ 教導孩子對自己和他人感受的尊重，發現孩子行為觸及底線時立即制止，並說明原因。

附錄
兒童發展專業資源

臨床心理師是經過國家考試，合格後取得證書才能執業的醫事人員。臺灣目前有兩種心理師，分別為臨床心理師及諮商心理師，兩者能執行的醫療行為大致相仿，差別在於臨床心理師多了「與腦部功能相關」的心理衡鑑（心理評估）和心理治療的執行，這是諮商心理師無法執行的。

臨床心理師的培訓背景為醫療場域，因此服務場所多以醫療機構為主，但隨著法規開放，以及社會需求轉變，近年臨床心理師在社區和校園中的服務也變得普及。

若有與兒童相關的需求，大致可以在以下這些地方尋求臨床心理師的幫助，請見下頁表格：

單位	說明
醫療	• 醫學中心、地區醫院：兒童精神科（或稱兒童心智科）、復健科、早療中心等，也有一些醫院使用兒童發展中心等名稱。 • 另外，在部分醫院的神經內科、家醫科、癌防單位、安寧照護單位等，也可能配置臨床心理師，或有臨床心理師支援。 • 社區診所：心理治療所、心理諮商所、精神科診所、復健科診所。
校園	各縣市特教專業團隊、巡迴輔導團隊、學生輔導諮商中心、教育局各項心理健康計畫專案等。
社政	各縣市衛生所心理健康門診、社福單位合作心理師、法院程序監理人或司法詢問員等。

※部分職務或單位不限定只有臨床心理師能擔任。

兒童發展專業資源

發展相關資料	說明
• **正向教養手冊** 衛福部心理及口腔健康司網站免費下載。	
• **兒童健康手冊** 衛福部國健署網站免費下載。	
• **線上兒童發展篩檢** 可搜尋「線上兒童發展篩檢」關鍵字，各縣市衛生局網站及部分醫院、社福機構網站皆有提供即時篩檢，在此以桃園市為例。	
• **各縣市早療單位查詢** 可透過衛福部網站查詢各縣市聯合評估中心、療育機構、社區地點等。機構名單會依每年評鑑核定狀況而有增刪，建議以網站最新資訊為主。	
• **各縣市兒童發展資源網、育兒資源網等** 提供兒童發展相關之整合性資訊，包含發展遲緩兒童及家長所需之早療服務資源及諮詢，在此以高雄市為例。	

issue 018

爸媽不用忍的正向教養

改掉頂嘴、動作慢、依賴、行為退化、缺乏成就動機……的免爆氣親子對話範本

作　　者／駱郁芬
照片攝影／吳毅平
責任編輯／黃凱琪
校對編輯／蕭麗娟
美術編輯／林彥君
副總編輯／顏惠君
總 編 輯／吳依瑋
發 行 人／徐仲秋
會　　計／許鳳雪、陳嬅娟
版權經理／郝麗珍
行銷企劃／徐千晴、周以婷
業務專員／馬絮盈、留婉茹
業務經理／林裕安
總 經 理／陳絜吾

國家圖書館出版品預行編目（CIP）資料

爸媽不用忍的正向教養：改掉頂嘴、動作慢、依賴、行爲退化、缺乏成就動機……的免爆氣親子對話範本／駱郁芬著. -- 初版. -- 臺北市：任性，2020.07
288 面；17×23 公分. --（issue；18）
ISBN 978-986-98589-4-6（平裝）

1. 親職教育　2. 育兒

428.8　　109007017

出 版 者／任性出版有限公司
營運統籌／大是文化有限公司
臺北市 100 衡陽路 7 號 8 樓
編輯部電話：（02）23757911
購書相關資訊請洽：（02）23757911 分機122
24小時讀者服務傳真：（02）23756999
讀者服務E-mail：haom@ms28.hinet.net
郵政劃撥帳號／19983366　戶名／大是文化有限公司

法律顧問／永然聯合法律事務所
香港發行／豐達出版發行有限公司 Rich Publishing & Distribution Ltd
地址：香港柴灣永泰道 70 號柴灣工業城第 2 期 1805 室
Unit 18057, Ph .2, Chai Wan Ind City, 70 Wing Tai Rd, Chai Wan, Hong Kong
電話：2172 6513　傳真：2172 4355
E-mail：cary@subseasy.com.hk

封面設計／季曉彤
內頁排版／顏麟驊
印　　刷／鴻霖印刷傳媒股份有限公司

出版日期／2020 年 7 月初版
2020 年 11 月 12 日初版 6 刷
定　　價／新臺幣 360 元
ISBN　978-986-98589-4-6

本書提供之內容為作者本身言論，僅為輔助之用，應視個別狀況而定。